U0810998

闭嘴，我只想做自己

闭嘴，我只想做自己

图/文〔韩〕金秀贤　　郑炳男 译

在冷漠的世界中
为成年人生活打造的 To do list

中国出版集团　现代出版社

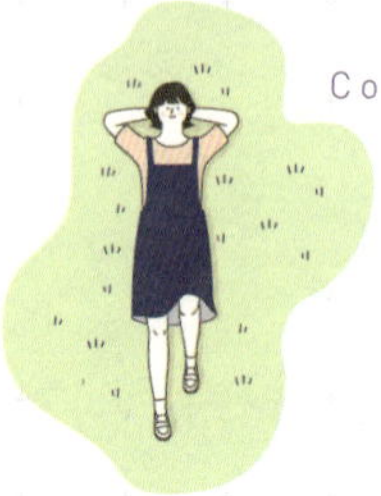

Contents

Part 2.

为了活出自我的 To do list

Part 3.

为了避免被焦虑控制的 To do list

Part 4.

与他人和谐相处的 To do list

Part 5.

为了让世界更美好的 To do list

Part 6.

为了让人生变得美好而有意义的 To do list

仔细想想，我其实是一个对“原因”很执着的人。
所以在学生时代，只要老师对我提出要求，
我总是会问：“为什么？”
每当此时，人们总以为我是在反抗，
但其实，我是真的因为对原因很好奇，才提出疑问的。
不质疑，不追究，对我而言实在是一件很困难的事情。

这样的一个我，在不知不觉中长大成人。
某一天，我突然间发觉自己很窘迫，也很无能。
模糊的年纪，模糊的经历，以及模糊的实力……
我变成了一个模棱两可的人，什么都没有。
也就是说，一不小心，我长成了一个糊里糊涂的大人。

那时的我还以为是自己做错了什么。
难道是选错了专业？
在大学时代没有更加努力，是不是有错呢？

在工作岗位上没有咬牙坚持下来，是我做错了吗？
可是，无论怎么想，我都觉得自己并没有做错。

当然，在我的人生中，也有过一些失误与彷徨，
但这难道不是人生中必经的过程吗？

正如在学生时代我对老师的要求感到好奇，
我很想知道，没有任何过错的自己，为什么会感到自惭形秽。

那时，我读了很多书。
不是为了兴趣爱好，而是为了解开心中的疑惑，
为了知道我为什么变得如此窘迫，
为了了解我的不足，
也为了明白自己为何一无是处。

而当我解开疑惑后，得到的最终结论是：
即使这个世界认定我的存在毫无价值，
我也要尊重自己，
我要作为我自己堂堂正正地活下去。
这本书便是我曾经自惭形秽的原因，
也是对那些曾经让我自惭形秽的所有原因的回答。

在过去的写作生涯中，
我自认为给读者带去了短暂的安慰和温暖。
但我更希望这些内容，能带给读者更长久的、
更有力量的安慰和支持。

在这个冷漠的世界上，
绝大多数人并没有做错任何事情，却要不停地自责。
在这一点上，我们何其相似！
我想对大家说：我们没有做错。

作为一个人，作为我自己，我可以堂堂正正地生活。

GOAL

不妒忌他人，

不惧怕冷眼，

让自己活出自己的精彩。

Part 1

为了自尊自爱地生活下去的 To do list

医学、法律、经济、技术知识虽然可以成为人生的工具，

但诗和美、浪漫和爱情，却是人生的目的。

——《已故诗人的开幕词》

对我不友善的人，我也没必要友善地对待他

大学刚毕业，我曾在一家公司实习过一段时间。
在第一个团队里遇到的主管，
把我当用人一样使唤，十分骄横跋扈。
哪怕是把他面前的显示器移动十厘米这样的小事，都要让我做。
哪怕是细枝末节无伤大雅的小失误，
都会被他揪着不放，问我是不是不想干了。
彼时，我初入社会。
作为实习生，我的一举一动都将作为能否转正的依据，
因而我惶惶不可终日。
切实感受着组织最底层人员的焦虑，
度过了一段无望转正的实习生活。

实习生活结束后，又过了很长一段时间，
有一天临睡前，我突然想起了那位主管，一股气油然而生。

然而，真正令我无法忍受的，并不是他的所作所为，
而是面对他的侮辱，却依然赔着笑脸的自己。

他手里其实并没有多么大的权力，
却动不动拿着鸡毛当令箭，
而我，竟然一次都没有做出反抗。
这种逆来顺受的态度，无疑让他的骄横变本加厉。

虽然情况有所不同，
但有位早年因光州事件而受到严刑拷问的人曾对我说，
每当回想起过去的事情，最令他痛苦的并不是当时遭受的苦难，
而是自己为了获得主审人员的好感而努力表现的那份卑贱。

给我们的自尊心带来致命一击的，并不是那些不当的待遇，
而是屈服下跪的自己，虽然无关是非对错，但始终让人耿耿于怀。

所以，我们没必要使出浑身解数，
友善地对待那些对我们不够友善、不够尊重的人；
即使无法改变现状，也至少不要向他们卑躬屈膝。

远离垃圾人，维护自己的尊严，
我们需要做的便是维护底线的抵抗。

所谓骄横跋扈，
是不具备人格底线
的卑鄙的甲方
和连最起码的人格待遇
都不要求的乙方
之间合作的产品。

不要努力让自己变得更加悲惨

在我刚进入Instagram的新世界，
有一次在平台随机推送的照片中，偶然看到一张非常性感的照片。
照片里的人，腰线夸张、胸部丰满，满满的PS痕迹，
进入她的主页一看，满满的都是人生赢家的即视感：
长相漂亮，身材好，浑身名牌，每天都在海外旅行。
但真正令我受到巨大冲击的，并不是她与我迥然不同的奢华人生，
而是她所拥有的无数粉丝。

这么多人，究竟为什么要窥视她的生活呢？
我觉得很好奇，于是继续浏览起来。看着看着，
突然间觉得早晨吃得津津有味的紫菜包饭，这一刻变得穷酸了起来，
一直爱不释手的价值8900韩元的OMG金属亮片包包
也是寒酸得不得了。

通过社交平台，我们可以轻而易举地窥视他人的生活。
放在过去，我们可能一辈子都没有机会认识他们，
但如今，看到他们在社交平台上那近乎完美的生活，
我们的好奇心也蠢蠢欲动了。

可是，这样的好奇心，真的是免费的吗？

《让自己悲惨起来的方法》一书中写道：

“偷窥他人的生活，同时与自己的生活进行比较，

这是让自己变得悲惨的最简便的方法。”

确实，我们为了满足自己的好奇心去窥探别人的生活，

而代价就是自己的生活看起来越来越悲惨。

事实上，满足这种好奇心毫无益处，

我们应该用这份精力和好奇心去过好自己的生活。

成为他人生活中的朋友，但不要做一个看客。

和他人被几张照片概括起来的人生相比，

对我们而言，我们自己的人生才更加重要。

千万不要为了让自己变得悲惨而费尽心机。

猜忌心的破坏力在于：
认为自己拥有的一切都毫无价值。

对堂堂自我充满自信

我小时候，有一档名为《成功时代》的电视节目，
这档节目旨在向观众展示成功人士的生平纪事。
虽说每周都会更换主人公，但故事的叙述却始终大同小异：
过去的悲惨现实总会被用来对照现在的成功，
他们所付出的努力和不屈的意志，总会填补过去与现在之间的鸿沟。
看了这样的节目，就会以为无论环境多么艰难，
都可以通过不懈的努力去克服，并最终获得成功。

长大以后，我偶尔想想，才明白这其实是能力主义[①]在抬头。
只要具备一定的能力，并付出“不懈努力”，人人都可获得成功。
典型的“成功学”。

但在现实生活中，能力加努力并非一把万能钥匙，
而只是成功的众多动因之一罢了。
在过去，这种成功神话的传播之所以成为可能，

是因为那时的韩国正处于经济高速增长时期，
大家都没有钱，人与人之间的资本差距并不大。
但是现在不同了。

在现在的韩国，个人已经很难得到阶层上升的机会，
公正的能力主义的前提条件是“机会平等”，
而如今，继承父母的资产、背景、阶层的做法如接力赛跑一般。
当然，我们不可轻视个人的努力，
但命运和环境等非个人能力的因素，正在左右着很多事情，
因此，即使有通过个人的努力而获得成功的人，
也不过是少数个例而已，并不能以偏概全。

然而，有些人总是将“努力＝能力＝成功”这样的公式，
自动推演为“懒惰＝无能＝贫穷”，
把贫穷的原因归结于个人不够努力，
以此将现实中存在的差别和阶层正当化，
并大言不惭地说：无限的机会就摆在你面前，
贫困都是你自己的错，如果觉得委屈你就多努力一下！
久而久之，人们一旦处于贫穷状态，就会自觉处处矮人一头，
并为了不让别人发觉自己的贫穷而费尽心机。

又不是要去攀登珠穆朗玛峰，
上学非得穿一身North Face或K2，才觉得有面子；
而各个业主委员会也经常发生这样的闹剧：
为了让小区显得更高档，必须给小区取一个英文名。

在无法保障机会平等的情况下，能力主义必然是虚伪的。
尽管如此，《成功时代》和成功学图书宣扬的歪曲的能力主义，
早已根植在我们心中，
是否富有也早已变成一个价值标准，
把我们钉在了优越感与羞愧感之间的某一个位置。

但是，仔细观察周围，
凭着好运气或通过继承财产而积累了财富的人，何止一两个；
贫穷却依然能保持诚实、正直的人，又何止一两个。

就算投机取巧，不择手段地榨取弱者，
只要手里攥着大把钞票，就能活得冠冕堂皇。

相反，一个人平生诚实而正直，
却因贫穷而自惭形秽，
这难道不奇怪吗？

如果我们已经为了生活拼尽全力，活得堂堂正正，
那么，即使是贫穷的生活，也值得我们为之骄傲和自豪。

这世上有问心有愧的富，
也有堂堂正正的穷。

① 能力主义是迈克尔•英在讽刺小说《能力主义的出现》中的新造词。虽然小说中的未来世界，把能力主义视为公正的系统，但随着“只有能力才是标准”这一等级秩序的确立，逐渐演变为精英集团的胜者独食和弱肉强食理论支配的残酷社会。

可那钱是怎么挣来的呢？

不要为你人生中的过路人而受伤

随着年龄的增长，我越来越切身地感受到：
即使是知心的朋友，想要抽时间专门见上一面，
也不是一件容易的事。
所以，彼此看不顺眼的或者不投缘的人，
比如我高中时的同桌银静
和财务部的前同事朴代理，
他们最终都只会成为我人生中的过路人而已。

但是，我们却常常因为这些人的一些做法，
比如说公报私仇，
比如打着关心的旗号来贬低自己，
再比如以性格耿直为借口打探个人隐私，
而感到心力交瘁、备受伤害、积累怨恨。

然而，并非只有花两个多月的工资买名牌包才算浪费，
并非只有关注演艺圈的八卦才算浪费。
对那些在我们的人生中转瞬即逝的人
倾注心的能量，也是一种感情的浪费。

辞职后便此生不复相见的上司，
偶尔才见面的毫无感情可言的亲戚，
笑容满面却在背后捅你一刀的“绿茶婊”，
假装淡泊名利却在暗地里耍心机的“白莲花”同事，
这些人在我们的人生中都是微不足道的存在，
就别再为他们浪费任何的感情了。

不管你多么郁闷，多么揪心，多么恨他们，
他们都只是你人生中的
匆匆过客而已。

抹去人生中的数字

这是网络上流传的各国中产阶层的标准：

英国（牛津大学提出的成为中产阶层的条件）

——公平办事

——拥有自己的信念和主张

——不独善其身

——关爱弱者，对抗强者

——直面不正义、不平等、不合法的行为

法国（蓬皮杜总统在其“人生的品质”里定义的中产阶层标准）

——精通一门以上外语，以获得对世界的多角度了解

——热爱一种以上的体育运动，或者掌握一种以上乐器的演奏法

——会做一道拿手的私房菜来招待客人

——参加社会公益活动

——可以像批评自家孩子那样批评别人家的孩子

韩国（年薪信息网站针对上班族的问卷调查结果）

——拥有一幢100平方米的住宅（无贷款）

——月薪500万韩元（相当于人民币3万元）以上

——拥有一辆排气量2000CC以上的中级轿车

——存款余额超过一亿韩元（相当于人民币60万元）

——每年若干次海外旅行

与英国和法国相比，
韩国的中产阶层标准中无一例外地以数字来衡量。

记得有一次，我在网上看到一则广告：
“测测你的结婚成功率！”原本以为是一个算命网站，
点开一看才发现，这是一家婚恋信息公司的官网。
网页中宣称，只要输入年龄、身高、体重、资产额、年薪等数据，
就能如同为牛肉的质量划分等级般，
为测试者的“结婚成功率”评分。
我甚至想着，这也许就是典型韩国型“阿尔法狗”吧。

无论是什么事情，我们都喜欢用数字来评定，
所以也并不抗拒别人用数字来评判我们的人生。

在这种数字至上的社会中，
每个人都为了增加人生简历上的数字而竭尽所能：
根据房产面积来划分人际关系；
对待罢工或游行，并不想去探究其中的价值冲突，
只是通过新闻标题了解一下损失的金额而已。
这实在是一个摒弃了价值，只关注彼此价格的世界。

但是，数字的特点是，
容易比较，便于排序。
例如，我们无法比较三角形与圆形孰高孰低，
但将1和2进行比较和排序，却是人人都会。
所以，数字化的人生
充斥着无休止的比较和排序。

在这样的环境中，
我们时刻都因担心自己的价格被低估而坐立不安，
于是不停地确认自己的分数和地位。

然而，我们真的可以用数字来衡量生命中的一切吗?

智商高并不代表有智慧，
朋友多并不能证明感情的深厚，
房子大无法保障家庭的和睦，
年薪高也并不能代表一个人的人格。

真正的价值，不是用数字来计算的。
因此，如果想要成为无法比较的人，而不是优秀的人，
那么，首先要做的是:
从生活中抹去那些数字。

人生中最重要的，
是那些无法用数字来衡量的东西。

抹掉数字的你，
是谁？

不因为别人的话而动摇

通过SNS相识的贞美是我上一部作品的读者，
她可爱而又温柔，还有一个相亲相爱的男朋友。
她平时总会在SNS上记录和男朋友交往中的趣事，
在我看来，他们俩简直是幸福爱情的范本。
可是有一天，一个陌生的网友却给她留言：
差不多就得了！就不会想想别人的不幸吗？

当然，在社交平台上确实也有一些过于炫耀的人，
但我可以保证，她不属于这种类型。
她只是记录了自己点滴的感悟而已。
看到这条留言后，她开始怀疑是不是自己做错了什么。
但事实上，错的是那个留言的人，
是他没能妥善解决自己的心理问题。

在日常生活中，我们经常会遇到误解我们的意图、
歪曲和非难我们的人。
那些键盘侠，原来只是活跃在网络新闻的留言区，
现在却开始转战SNS，扩张他们的势力。

如何应对键盘侠的口无遮拦？
如果有人对你做出了不怀好意的评价，
你要知道：
第一，那只是他个人极其主观的见解而已，
毕竟他又不是所罗门或者弗洛伊德。
第二，如果这是针对你的指责，
你不必感到受伤或恼火，但要判断他指责的内容是否真实。
如果这些指责是真实的，那不妨趁这个机会改正自己的错误。
但如果是对方因为心理问题而无中生有，
你就当作听了几声汪汪叫罢了。
第三，如果这条疯狗一直叫个不停，又该怎么办呢？
那就不能再听之任之，要果断地追究他的责任。

以什么罪名呢？损害名誉罪？不，是噪声污染罪！

反弹

使用方法：请给那些无端喧哗的人展示一下这页内容。

注释：懒得搭理你！

绝不侮辱别人的生活

网上出现了一个含有错别字的文章，
很快地，下面就会出现大量吐槽的评论：“极嫌。”
所谓“极嫌”是表示极度嫌恶的网络用语。
我实在是不明白，偶尔有几个错别字，
怎么就变成了一件令人极度嫌恶的事情。
就算出现了几个错别字，总不至于因此而被归于嫌恶的范围吧？

最近几年，
“极嫌”“狗叔”“说明虫”“急食虫”“遗族虫”“妈虫”等
无数带有侮辱性的极端型网络用语开始进入我们的日常生活。

这样的事实意味着，人与人之间太容易相互憎恶。

“嫌恶主义”的兴起，据说始于中产阶层的崩溃。
这些担忧既得地位不保的人，想要通过对“假想敌”的驱逐，
重新找回自己的社会、经济地位。

但那真的是全部动因吗?

这样的结论，未免太过武断。

以我个人为例，因为是韩国女性，就要绑定为“泡菜女”;

结婚后成为家庭主妇，就会被叫作“职宅虫”;

生了宝宝，当然就成了“妈虫”了;

一旦想要解释某件事，就会被扣上“说明虫”的帽子;

稍微要认真一点，就要变成“认真虫”。

在如今的韩国，一个人想活成人而不是虫子，也并非易事。

对于诸如此类的嫌恶，《污蔑感》一书的作者金灿浩教授如是说:

“在这样一个若无拔尖技能傍身，就无法获得认同感的社会，

填补空虚最容易的方式，便是污蔑他人。

也就是说，人们为了让自己模糊的存在感和自卑感得到补偿，

为了体会浅薄的优越感，而去污蔑其他人。

这是多么卑劣而又懦弱的行径!”

这些深陷于挫败感的人，在由“嫌恶”结成的纽带关系中，
掩盖彼此的懦弱和卑劣，向他人发起疯狂的攻击。
他们有选择地消费信息，只接受自己想要的，
并将自己心中的想法强加在别人身上，扭曲对方的形象；
而受到侮辱的人们，反过来又会复制并传播更多的嫌恶。
结果是，网络上“嫌恶”成风，
不断有更令人“嫌恶”的人和事蹦出来。可是，
这种“嫌恶竞争”的结果无外乎“我和其他所有人都令人嫌恶”。
如此一来，所有参与者的心里是否就痛快了呢？
“到处都是令人嫌恶的人，
而我一不小心也会成为被人嘲笑、被人嫌恶的人”，
这种互不信任的对立感，导致我们越来越紧张，
使我们在日常生活中变得更加谨小慎微，也更加尖锐。

毋庸置疑的是，
在一个彼此都成为加害者的世界里，
谁也得不到幸福。

+

把侮辱他人当作人生最大乐趣的人，
应该被称为：失败者！

在百货商场的电梯里，
一个被抱在妈妈怀里的小孩子突然哭了起来。
妈妈感到慌乱，于是便对着还听不懂话的孩子说：
“你这样可不行！”并不时地做样子给电梯里的其他人看。
我悄声安慰她：“没关系的。”
我说“没关系”的意思就是“我不会随便侮辱你的”。

真的，没关系。

不为自己辩解

我听过一个人生故事。这个人年轻时曾混迹于体育圈，
他虽然毕业于名牌大学，但由于身上的“体育圈”这一标签，
一直没能找到合适的工作。
久而久之，他开始厌恶资本主义。
他宣称，在这种不合理的社会中，人们根本无法工作，
并从此再也没有找过工作。
过了不惑之年的他仍然没有就业，
所有生活开销，都由做清洁工的母亲来负担。

在任何人看来，他的逻辑漏洞百出，不值一驳。
因为他在批判资本家剥削劳工阶层的同时，
也在剥削着自己的母亲。
周围的人根本无法理解他完全不想找工作的做法，
也认为他的母亲很可怜，
可究竟是什么让他变成一个令人难以理解的人呢？

我猜测，当他刚从名牌大学毕业的时候，
一定也曾对自己有所期待，也有过崇高的理想。
但因为“体育圈”三个字，被全盘否定，
当时的他，该是多么的绝望和无力。
加之经济独立失败，也变成了人生中的一大污点。
这一切，都会对他的心理带来致命的打击。

对自身的羞耻心、无价值感，
是一个人最难以战胜的心理弱点。
所以人们为了不暴露这样的弱点而嘲讽现实，
把问题的根源归结于外部环境，
躲在辩解和借口后面，把自己保护起来。

可事实上，仅靠辩解是无法保护自己的。
这种为了自我防御的辩解，连自己都骗不过去，

再怎么装模作样，
他的无力感和羞耻心，依旧留在内心深处。

小说家金亨京在《人间风景》一书中写道：
"'爱'的反义词不是'恨'或'愤怒'，而是'冷漠'；
同样地，'生'的反义词也不是'死亡'或'衰老'，
而是'防御意识'。"防御意识使人永远徘徊在人生之外。

上文提到的主人公，也一直徘徊在真实的人生之外。
他也许是因为害怕在这混乱的世界里受到伤害，
因而产生了这样的想法：
与其去面对令人难堪的现实，去承受无力感和羞耻心，
不如干脆成为社群里的一个抵抗者。

但人不应该沉浸在过去，让自己一直消沉下去。
不管有什么原因，都应该消除自责和抱怨，
重新透彻地审视自己。

在大学时代，他也曾为了创造一个美好世界而奋斗，
应该为这段经历感到自豪。
人活着，必定会遭遇种种挫折，
既然无法改变现实，就要学会全盘接受。

该感到羞耻的，
不是没能找到一个好工作，或者没能成为人生赢家，
而是一边不停地替自己辩解，一边又什么都不去做。

即使没能变成自己曾经期待的样子，
即使有时会因为自身平庸而自惭形秽，
也要直面那个不再辩解的真实的自我。

在直面自我之后，
最重要的是重新开始。

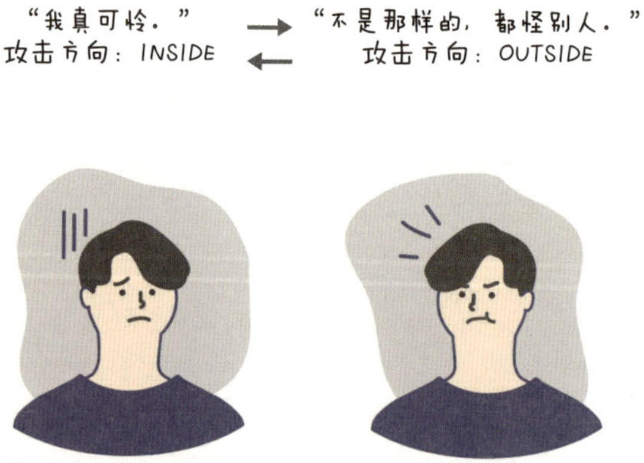

重要的是，要摆脱内在的愤怒，
并让自己过得自由起来。

✦要记住没有谁的人生是完美的

上初中三年级时，有一个男同学曾对我说：
“你还能有什么烦心事呢？”
也许，当时的我看上去是一个喜欢热闹、没心没肺的人，
而那个男同学则比较内向，所以大概是在羡慕我吧。
但事实上，我当时有严重的“中三病”[①]，
因与父母的矛盾冲突而苦闷不已。
和那个男同学一样，彼时的我也暗自羡慕另一个同学，
认为她才是真正无忧无虑的人。
她很漂亮，大家都想在她面前表现自己。
事实上，直到很多年后，我跟她的关系变得更亲密之后，
才得知，初中三年级，是她过得最艰难的一年。
她还告诉我，因为老师的区别对待和偏见，那时甚至想过一死了之。
这实在是一件微妙的事情！那个男同学看错了，而我也看错了。
当我们看到别人身上拥有我们所缺乏的某种特征时，
就会认定他的人生完美无缺。

然而，我们对别人又有多少了解呢？

作家朴妍善的电视剧《青春时代》的最后一集中，
机场工作人员看着要到中国出差一个月的震明，
聚在一起交头接耳："下辈子你也生在一个好人家吧。""真让人羡慕。"
但事实上，震明是因卧床长达六年的植物人弟弟最终去世，
才决定带着170多万韩元（相当于1万人民币）
的全部家当离开一段时间。

我们总是通过表象去判定他人的人生重量，
但我们看到的部分，并不是他人的全部；
同样地，别人眼中看到的部分，也不是我们的全部。
我们各自背负着不同的伤痛，所拥有的也各不相同，
世上也不存在完美无缺的人生。

所以你应该明白：没有谁的人生是完美的。
也许，这个真相会给你带来一丝安慰。

+

一个朋友突然发微信对我说：
"你看上去一向是那么认真地生活。总是被你刺激到。"
然而，我那时正趴在床上，查看网购的物流情况。

① 中学生在经历过自我感觉比别人优越的"中二病"以后，会回顾自己的人生，并因此突然变得谨小慎微的社会现象。

伤痕远近法

近处的看起来更大，

而远处的看起来很小。

作为普通人的十足幸福

小时候，每次坐车时，我总以为太阳在跟着我。
所以我常常幻想，有一天，
我肯定会成为一个像美少女战士那样的魔法少女。
当然，如果长大以后还抱有这样的幻想，
可能就要被诊断成“重度妄想症”吧。
可我仍然觉得，即使不能做击退恶魔、拯救世界的大英雄，
也总该成为一个有些特别的成年人。

然而现实中的我，却长成了一个极其平凡的人，
没有奢华的生活，也无法享受无限的自由。
现在，依旧不能实现“牛肉自由”，
日复一日地在狭小的生活半径中重复着无聊的日常。

可是仔细一想，
认识到自己也只是一个普通人的那一刻，

告别少年时代的理想的那一刻，
应该就是成年人青春期的开始吧？

当然，在那个瞬间，我也感受过悲哀与苦涩。
但是，摆脱少年时代的幻想和期待，
构建属于自己的并不那么特别的平凡的人生，
这或许就是每个成年人都要完成的功课吧。

以后，我也不会成为一个肩负拯救地球这一重任的美少女战士，
也不会成为墨尔本大学的一名教授。

我想要的，
既不是同学们听到我的消息后，生出羡慕嫉妒恨，
也不是成为亲戚们口中的“家门荣耀”而备受瞩目。

但是，我有想要写好的文章，
也有想要做好的插画和设计工作。
我想和家人共度更多的时光，
想学会游泳，在大海里尽情畅游。
想遇到一些有着不同人生阅历和观点的人，开阔我的眼界。

诚然，我的人生有诸多限制，也并无保障。
但即使在这不够特别的平凡人生中，也有很多可以做的事情。

成年人的青春期，在承认自己的平庸，
并懂得在平凡中充实自己的生活的那一刻终结。

只有在那个瞬间，
我们才是真正长大了。

萨列里情结的真相

没有任何证据可以证明

莫扎特比萨列里更幸福。

✦ 不给他人评价自己的资格

之前，我的一个朋友通过别人介绍认识了一个男生。
有一次，他向我的朋友问起，平时都喜欢什么运动，
喜不喜欢打高尔夫或骑马。
提出这种问题，其实不是为了了解对方的爱好，
而是为了推测对方的经济实力。

无论男生还是女生，了解一下异性朋友的经济实力，
这也谈不上是一个坏习惯。在这一点上，我也不能免俗。
但是，无法忽略衣食住行的问题
与整天敲着计算器，把人生的一切明码标价，
这二者之间还是有着显著的差异。

有人在确认了对方的房产面积后，便从此断了联系；
有人在见面时，锲而不舍地追问对方父母的职业。
面对这样的人，我们就像刚刚提交了试卷的孩子一样，
生怕对方会给自己打一个低分。

可转念一想，我们真的有必要忐忑与不安吗？

就我个人来说，无论对方多么优秀，
但如果他过于热衷数字，
在我看来，就是一种缺乏生活情趣的表现，
也就不那么性感了。一句话：他不是我的菜。

也就是说，对于这样的人，他可能觉得我连及格线也没够到，
但同时，他也没达到我的及格标准。

我需要的是与我有着相似价值观的一个人，
而不是上述那种男人，当然也不可能只是由他们对我评头论足。
所以，如果有人想要给我打分数，我会怎么办？

开什么玩笑！你们早就被我淘汰了好嘛！

不打听，不好奇

我没问过，也不好奇。

谦虚但不畏缩

自从出了书以后，朋友们开始叫我“金作家”。
但这只是朋友之间的玩笑话而已，
我从来没把自己当成一个作家来看。
通常，“作家”一词在词典里的解释是图书、绘画的创作者。
可即使如此，我在面对这个词语时，依旧感到有些难为情。

直到有一天，我偶然从一位旅人那里听到一个趣闻：
这位旅人在欧洲的一家酒馆里遇到了一位酒吧招待，
酒吧招待对他做自我介绍时说，自己是个诗人。
于是，旅者问道：“那么，您有出版过个人诗集吗？”
酒吧招待回答说：“我还没有出过诗集，
但是我在写诗，所以是诗人。”

为什么我都已经出版了这么多书，
却还不能坦然面对“作家”这个称呼，
而有的人连一本诗集也没出过，

却可以大言不惭地把自己看成诗人?

虽说其中也不乏个体的性格差异，但影响更多的还是文化差异。
这种差异，也表现在公立教育的过程中。
在重视人的个性和自律性的西方国家，
很重要的一个教育理念是教育孩子“把自己看作特别的存在”。
《思维版图》的作者理查德·尼斯贝特曾经说过，
在他的家乡，人们甚至会就教育的目的是“传授知识”
还是“给人以自信心”，二者孰轻孰重的问题而展开激烈的辩论。
从我们的立场上看，或许会认为这些人是吃饱了撑的，
但是，“给人以自信心”
至少重要到足以和“传授知识”相提并论的程度。

与此相反，我们所处的社会强调的是，
一种以人际关系为中心的集体的和谐，而非人的个性。
所以一上初中，学校便会开设《正确生活》课程，
以便我们尽早熟悉处理人际关系的方法。

事实上，完全没必要专门开设这样一门课程。
简单来说，无非就是要和家人、朋友、邻居和睦相处，
不要和他人争吵，要“处理好”人际关系。

我们所接受的教育，
要求我们更加关注他人的感受和想法，
而不是把自己看得很特别，也不鼓励我们尊重自己的感情。

韩语里有一个格外常用的词语叫“眼力见儿”，
在英语中却几乎找不到一个与此对应的词。
我们身上那种在西方人看来近乎自轻自贱的谦逊，
或许便来源于此。

而经过长年的“修炼”，我们为了更好地与人相处，
为了不被说成“不自量力”，
变得极度谦卑和有“眼力见儿”，
甚至不敢肯定自己的资历。
当然，谦虚是一种美德，照顾他人的感情也是一种美德。

但这些美德的价值，不在于看别人的脸色行事，
而在于对他人的尊重。
如果只考虑他人，而忽略了自己的感受，
那么你所做的一切也无法成为美德。
所以你完全没必要为了别人的想法把自己搞得筋疲力尽，
更没必要畏首畏尾。

你最需要尊重的人，
始终都是
你自己。

+

一定程度的自谦是必要的，
然而一定程度的“滚一边儿去，老娘最大”的精神，也有必要！

姐，
你肚子鼓
起来了。

已经
足够了。
我就是
一个凡夫
俗子。
以前是不是过于完美？

你有被尊重的权利，大声说出来

我曾在网上读到过这样一个故事。
故事的作者当时正在一家餐厅打工，
一位进来参观的阿姨指着作者，对自己的女儿说：
“你要是不好好学习，以后就会变成这个样子。”
成为“反面教材”的作者听到后，心里很不高兴。
因为她只是为了积累人生经验而勤工俭学，
她的另一位餐厅同事也正就读于一所名牌大学。
这时，恰巧有一个中国游客走进餐厅，
有中国留学经验的作者立刻上前用流利的中文招呼顾客。
那位阿姨看到之后大吃一惊，面露难色。

读了这篇文章的网友们，开始对那位阿姨横加指责。
但这位勤工俭学的作者，和那位阿姨又有多大区别呢？

作者接下来强调，自己并不是一个纯粹的劳动者，

而是一个为了积累人生经验而勤工俭学的学生。

她的这番解释，不仅仅针对阿姨的言行，

而是已经不自觉地认定“我不是一个可以被小看的人”。

简单来说，她觉得自己很委屈。

在她看来，自己和那些不努力学习而变成“这个样子”的人

是不一样的。

在网上搜索，很容易搜到一些言辞激烈、观点偏激的对话：

“你是想去大学里约会，还是想去工厂里踩缝纫机？”

“第1~3名今后就是在餐厅点炸鸡的人，

第4~6名肯定就只能是在后厨做炸鸡的命，

第7~9名更惨，只配给人送炸鸡腿。”

乍看之下，文章的观点似乎有几分道理，
但仔细一想，却有一番令人不寒而栗的意味。
把在工厂踩缝纫机的工作，
看成是对“不好好学习”的惩罚，
进而把从事繁重的体力劳动视为人生悲剧。
潜移默化地，这篇文章也把对劳动者的歧视
安装到了我们大脑中的“基本操作系统”里。

这样“贵贱有别”的观念由来已久。
人们明明都是吃着农民种的粮食才生存下来的，却在歧视农民。
这种把人分成三六九等的封建等级思想，
与资本主义的竞争观念融合在一起，继而发展出升级版。
这样的差别化对待，进一步拉大了不同职业之间的收入差距。

那么，问题到底出在哪里呢？

1.

这个问题不是“人人平等”的人文范畴，
孩子们从小就会听父母讲：
“不好好学习，就会成为那样的人。”
在社交网站上还会读到各种言辞激烈的文章，
久而久之，他们脑海中所描绘的未来生活里
就只有电视剧中的职业女性或者成功人士。

但在现实生活中，很多人是以体力劳动者的身份生活的，
不可避免地在平凡的职场中作为万年乙方生存着。

儿童时代，他们想象的未来生活里只有电视剧里的优雅和从容，
但长大后才发现，生活里充斥着的满是自己曾经嗤之以鼻的东西。
这种反差，他们要如何面对？

对未来的过度幻想和差别化的评判，
最终会使人羞于面对平凡的自己。
人们无法接受自己变成了自己曾经鄙视的那种人的事实。
劳工阶层的团结联盟之所以举步维艰，
其原因也正在于他们对自我的厌恶。

2.

对劳动者的歧视与差别化对待的副作用，也体现在其他领域。

为了不遭到他人的差别对待和歧视，不变成一个“送炸鸡腿”的人，

为了不在工厂里踩缝纫机，人们使出浑身解数。

在这样的过程中，学习的轻松心态和好奇是不存在的。

努力的动力只来自时刻存在的焦虑，

一旦焦虑减少了，他们便只能在网上搜寻观点偏激的文章，

给自己的焦虑充充电。

当然，一时的焦虑和紧张感，

能够提高工作效率，增加奋斗的动力。

但是，如果努力生活的动力只剩下焦虑和紧张，

就会产生即使服用“阿诺金”[①]也无法疏解的慢性疲劳。

父母为了孩子们着想而挂在嘴边的话，

竟让自己的孩子患上慢性焦虑症。

3.

通过努力终于实现了自己的目标，是不是就万事大吉了呢？

借助这种对差别和歧视的恐惧而获得的成功，

随之而来的必然是“傲慢”的心态。

在其他内在力量未得到提升的情况下，心中仅有的傲慢不断膨胀，

这无异于站在一个没有任何防护设施的高楼楼顶。

恐高症——对坠落的恐惧感会越积越大，最终变成一种常态。
并且，傲慢越膨胀，崩塌的冲击也越巨大。

《朝鲜日报》前社论顾问李奎泰的文章也表达了这样的观点。
他在文章中提到，欧洲人一旦遇到情况发生变化时，
就会自然而然地随之下调预期目标值。
但韩国人却不同。无论环境和情况发生什么变化，
我们都会极力避免下调。
所以，等到我们不得不下调的那一刻，
其实一切都晚了，只能陷入被动而绝望的心境里。

人生嘛，本来是一个这样也可以活，那样也可以精彩的过程。
偏偏对那些心存歧视和等级观念的人来说，
下调人生预期目标值便是一件悲剧性的坠落。
于是，被人指指点点、受到歧视的人感到莫大的羞耻，
而对人指指点点的人则会陷入不安。
最后，这一切对任何人的生活都毫无益处。

如果你正在频繁地给自己的焦虑充电，
或者因眼前的生活与曾经的梦想相距甚远而感到羞耻，
你就必须告诉自己：

就算是送炸鸡腿，或者在工厂里踩缝纫机，
每个人的生活本来就是不同的存在，
没有哪一种生活是错误的。

请尽情地按照自己的想法去努力生活，请尽情地努力学习，
但不要去贬低别人的生活。

我们每个人都有
尊重自己的生活
的权利。

① 快速恢复体力的药物。

侮辱平凡人生的代价是，它将演变为孩子们的不安。

Part 2

为了活出自我的

To do list

与其以虚假的形象获得他人的敬爱，

不如以真实的自我获得他人的仇视！

——科特·唐纳德·柯本

坚定顽强的自尊心

英国作家阿兰·德波顿曾经说过：

“成为大人，意味着我们要在一个充满冷漠与世俗的世界里，

寻找自己的位置。”

如今，我才发现，生活并不是童话。

我们的生活完全被浸湿在“歧视”里，

以至于偶尔看到对强权的愤慨和抵抗会感到惊奇万分。

即使努力装作对那些世俗的歧视视而不见，

但心就像装在口袋里的曲奇饼干一样早已被挤得粉碎。

所以人们常说，要培养自己的自尊心，

学会不以物喜，学会不以己悲，学会尊重自己。

是啊，话是没错。道理我都懂，但怎么就做不到呢？

基本上，人的自尊心会受童年生活经历和父母抚养方式的影响。

如果缺乏和父母的亲密相处，

或遭受过虐待、嘲笑、放任、指责等，

长大后就有可能被自尊心的问题所困扰。

但是，自尊心的形成并不局限于童年时期的生活经历，
也会随着之后的生活经历而产生变化。
最早阐述自尊心理论的心理学家纳撒尼尔·布兰登曾经指出：
保持健康自尊心的两大支柱是，自我效能感和自我尊重感。
自我效能感指的是，
一个人有能力照顾自己、应对现实问题的自我信任和自信。
自我尊重感则是指，
一个人尊重自己，认为自己值得被爱的肯定心态和尊严。

但我们是否生活在一个可适当维护个人自尊心的社会中呢？
即使一个人是带着健康的自尊心长大的，
但如果他步入社会以后，投出的数十张简历都遭到了拒绝，
成为公司的“累赘”，被赶出公司，
在这种情况下，他就很难获得维持自己生活的自我效能感。

此外，在一个根据个人条件给人打分排序的社会中，
让一个人尊重平凡的自我，
也许更像是一种自我催眠和自我安慰吧。
在这个世界里，没有自尊心已然无法生存，更别谈立足；
但同时，对于现代社会的个人来说，
自尊心已经变得越来越难以获得。

那么，我们究竟该怎样解决如单曲循环般反复出现的自尊心问题，
怎样才能在这个冷漠的世界上找到自己的位置呢？
这需要从两方面下手：
第一，稳固“社会尊重”，夯实培养个人自尊心的土壤。
我们没有必要让尊重成为一种稀缺资源。
尊重他人又不需要花钱，不是吗？
一旦尊重成了每个人都能获得的“公共财产”，
我们就不需要为了获得别人的尊重而费尽心机。
所以，我们要把尊重变成一种“公共财产”，
成为彼此健康生活的能量来源。

这里说的尊重，
并不是因职位、收入、职业和外貌等条件的不同，
做出的选择性的尊重。
无论对自己还是对他人，
我们都应该给予无条件的、公平的尊重。

第二，我们自己要更深刻地理解自尊的本质，并付诸实践。
为此，我们有必要学会区分自尊心的真伪，
要理解自尊的意义。

自尊心不是因处境优越而产生的高傲；
也不是因为得到了某人的爱与认可而产生的
一时的满足感。

自尊心的本质，是对自己的信任，
是认为自己值得享受幸福的自我尊重感。
这并非阿Q的精神胜利法，
所以，一个无所事事的人很难信任自己，
一个违背自己的信念而生活的人，也很难尊重自己。
只有建立起自我信任和自我尊重的内在世界，
并以这样的信念为基础去生活、行动并承担责任，
才会在生活的一系列过程中获得内在的力量。
但这里，还有一个很重要的关键。

韩国教育电视台的一档纪录片《孩子的私生活》
曾做过一项试验，测试父母的态度给子女的自尊感带来的影响。
将拼图教具分发给参与实验的孩子们以后，
当看到任务有些困难时，
自尊心弱的孩子，他们的父母第一时间倾向于替孩子解决问题，
而自尊心强的孩子，他们的父母
却一直耐心地等待孩子自己去完成任务。

这个实验结果说明，自尊感是以对自己的信任和尊重为前提，
通过解决生活中的问题、达成目标、积累成功经验
这一系列完整的过程来培养的。

此外，正如实验所证明的那样，
培养自尊感最重要的一点是：
自己应该成为完成任务的主体。

在还未充分意识到自我的状态下，
被他人和社会的观念牵着鼻子走，
这样的人是无法培养自尊心的。
因此，要想树立坚定的自尊感，第一步显而易见：
要活出自我。

下面，我们不妨来了解一下活出自我的方法。

+
波若波若蜜 FOLLOW FOLLOW ME

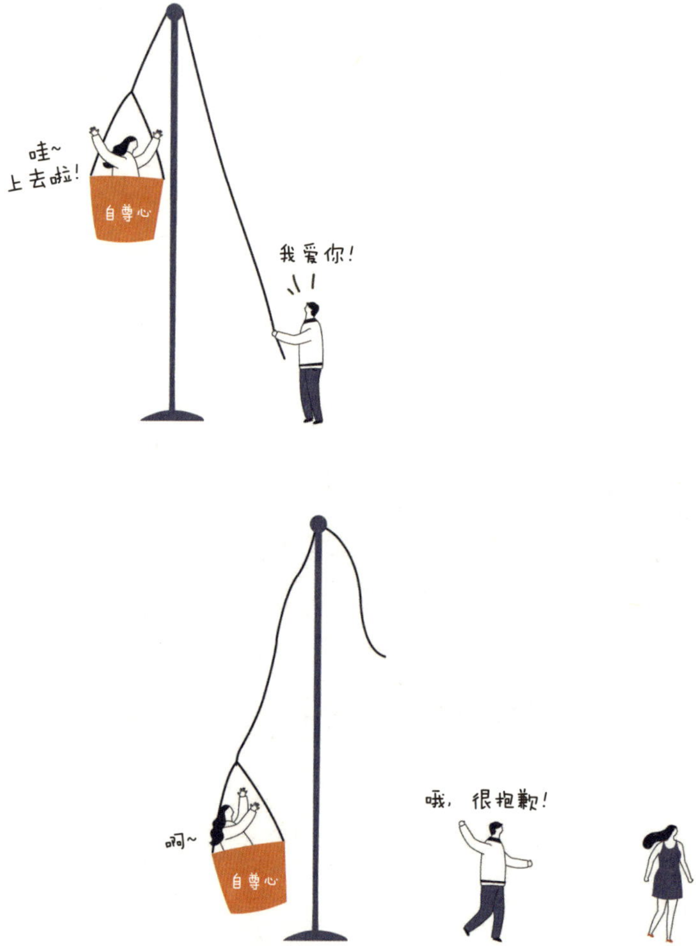

试图通过他人求得自尊心，
就等于抛弃了自己对生活的控制权。

找到真我的生活

在电视剧中，有时会看到男主人公说：

“你搞什么，一点都不像你的风格。”

这时，女主人公通常会瞪着他，反问道：

“像我的风格是什么？！”

我曾听很多人说过“要活出自我”，

却没有几个人知道自己真正的生活是什么样子。

这是为什么呢？

心理学家詹姆斯·马莎曾经根据自我认同感的水平高低，

将其分为四种类型，分别是：

成就本体、探索本体、封闭本体、自我回味本体。

研究结果表明，

大多数韩国人都处于较低水平的封闭本体层面（74.4%）。

封闭层面是指，全盘接受现有的社会价值体系、随波逐流的类型，

而这个理论认为，人们处于低认同感的原因在于缺乏危机意识。

缺乏危机意识，这个说法也许会让人摸不着头脑，
这里所说的危机，不是指遭遇电话诈骗，
也不是相亲的时候被女方发好人卡，
而是指没有对目标、价值、信念等自省，
也没有为此而奋力抗争过。

那么，为什么人们没有进行过斗争呢？
这源于不鼓励个体对自我进行探索
和自省的社会文化。

作为韩国传统核心价值体系的儒家文化认为，
个人与周围环境是相互依存的。
对个人的认同感取决于他所发挥的作用，
在其位就该谋其职，
而不是去探索各种理由。
也就是说，这种文化认为，个人要符合社会的要求，
才会获得美好的人生。

所以，人们很难建立一种完全属于自己的生活哲学，
而是更倾向于依照父母的要求和社会规范去生活。
这导致的结果是，别说是人生信念和生活哲学，
很多人都摸不清自己人生的轮廓，把简历都写成了小说。

人们始终无法解决这种问题的更深层的原因，
在于其根深蒂固的依赖心理。

小时候，他们常常听到这样的话：
“你现在还小，所以要听大人的。”
这样的教育，让孩子逐渐相信自己是弱小、懦弱的存在，
也使他们进一步加深自己的劣等感。
很多的父母以孩子的懦弱和劣势为由，
禁止他们进行自主性的活动，
进而剥夺了孩子们成长的必经“过程”。
对于失去了成长“过程”、只剩下长大成人这一结果的人而言，
独自做出判断和决定，是一件可怕的事情；
所以即使长大后，他们还会常常求助于心理咨询师。

然而，无论是慧敏法师[①]还是韩飞野[②]都无法告诉你，
你是一个怎样的人。
因此，活出自我的正确方法只能是：在生活中不断地体验和探索，
逐渐学会独自判断和做决定。

成为一个自由职业者，并不代表着活出了自我；
拥有特殊的爱好，也并不代表着就能够活出自我。
只有依靠自己的判断和决定去生活，才能活出真正的自我。

为了开始这样的人生，你要对自己倾注更多的关心，
把有关自己的一切通通写下来也不失为一个好方法。

关注自己的内心，并寻找以下这些问题的答案：
从前的我都是怎样生活的？
我究竟想要实现什么样的人生价值？
什么事情让我感到幸福？
我与众不同的地方在哪里？
了解自己的真实状况，非常重要。

当然，这个过程需要很多智慧和努力，
放弃依赖也可能会令你感到恐惧。

然而，只有经历过这种苦恼和危机重重的瞬间，
你才能够开启自己值得信任和尊重的
真正的人生。

① 韩国励志作家。著有《幸福要趁早》。
② 韩国励志作家。著有《风之女儿，站在祖国的土地上》。

大人们所说的自立儿童，
就是能够根据指示完成任务的儿童。

直面生活的质疑

在残酷的竞争当中，
我们一直无暇顾及太多，
总之先要努力学习，总之先考上大学，
总之先积累经验，总之先工作赚钱。
就这样日复一日，年复一年，
我们忙着做这个、做那个，忙碌间长成了大人。
可是有一天，突然意识到：

“我不知道自己喜欢什么。”

对于这样的人，我会问他：
“你有没有做过自己喜欢的事情？”

在一档旨在观察儿童的自我认同感和自尊心的电视节目中，
有一个乐于助人的“好孩子”。
主持人问孩子：“你喜欢做什么事情？”

孩子的回答居然是“帮妈妈跑腿儿”“帮爸爸洗车”，等等。
于是主持人又问道：
“那不用为别人帮忙的时候，你自己喜欢做什么呢？”
面对这个问题，孩子露出了为难的神色。

一个人长期埋头于自己不喜欢
而又不得不完成的事情中，
一直压抑着自己的欲望，
就会对自己喜欢什么，自己想要什么
失去感知能力。

也就是说，自己所期望的生活永远不会被感知，
而是被留在了未知的领域。

如果你不想让自己的人生变成那样，
就应该去找回自己喜欢的事情和自信的感觉，
而不是一直埋头做那些等待完成的事情。

是时候
直面人生的问题了。

质疑理所当然的事情

在一个村庄里，有一对夫妻带着一个刚满周岁的孩子
和孩子的奶奶生活在一起。
患有老年痴呆症的奶奶说，我已经煮好了一锅鸡丝粥，
妻子带着感激之情揭开锅盖，看到的却是自己的孩子。
原来，糊涂的奶奶把自己的孙子当成鸡放进了锅里。
妻子努力平息了心中的悲伤，
到院子里杀了一只鸡，给婆婆煮了一锅鸡丝粥，
并把自己的孩子葬到了后山上。
这种荒唐可怖的事情，完全可以收录到《大千世界》里。
可在古代，这却是有关“孝妇”的美谈。

在今天看来无论如何都无法理解的故事，
为什么会成为美谈流传下来呢？

在那个历史时期，个人感情遭到极端的压制，
而尽心去遵循“道理”则被视为一个人的美德。

这种社会观念，要求人们在遇到任何令人愤怒的事情时，
都必须牺牲自己。这是一种控制所需的意识形态。

在我的童年时代，社会上也提倡各种美德，其中就有勤勉、诚实。
无论刮风下雨，也无论身体是否不适或受伤，
我们都要按时上学，这样就会得到一个全勤奖。
在教室的黑板上，还挂着一个小镜框，镜框里面镶着四个大字：
“勤勉诚实”。这是我们班级自定的“班训”。
为什么要把这几个字铭记于心呢？
因为我们当时所处的社会是一个以制造业为基础的社会，
勤勉与诚实才是制造业领域最需要的品德，
而非个性和创造力。

于是，在这种有选择性地“被教育”的美德幻想症中，
即使自己的孩子被煮在了锅里，作为母亲，
那个妻子竟连一滴眼泪都没流下，

她没有成为虐杀儿童的共犯，而是获得了“孝妇”的美名。
而一个小学生，即使发着高烧却坚持上学，
做一个遵守纪律的模范生。
社会上一度盛传关于苏格拉底的流言：
“恶劣的方法也是方法。”

整个社会鉴别、选拔种种“美德”并植入人心，
甚至会将怪谈当作美谈，将暴力当作荣誉。

尽管如此，韩国社会依然把过去的这种美德和传统观念，
当作是生活中的真理。
然而，所谓价值，是属于个人的选择范畴的。
我们为了在社会上继续生活下去，
迫切需要的并不是传统观念，而是确立自己的信念。
那么，我们究竟该如何去树立自己的信念呢？

据一位去美国学习经济学的留学生讲，
美国的大学里设有一门洗脑课（Brain Washing Class）。
即，你迄今为止学到的所有经济学知识都是错误的，
因此要让每个学生把脑子里的这些知识都忘得一干二净。

学生们在课堂里学习世界级著名经济学家的理论时，
可以试着找出他们的错误观点，
并据此去寻找新的答案。
当你对原本理所当然的事物提出质疑，
质疑你一直以来坚信不疑的是否就是你发自内心的声音，
质疑你坚持至今的真理时，
你才有可能在探寻真理的道路上向前迈出一大步。

为了在被传统观念占据的思维空间里注入我们自己的信念，
我们也需要上上洗脑课。

+

在韩国劳动部网站上，曾贴出这样一个典型案例：
金代理即使在休假期间到达了某个度假区，
仍成功地完成了和一位合作方的商务洽谈。
让一个正在度假的职员继续执行公司的业务，
告他个妨碍员工私生活也不为过，
却被国家职能部门的网站拿来当成典范进行宣传。狗血至极！

现在的小年轻，
真是韧性（奴性）不足

真是字字珠玑啊！

努力生活不是为了满足别人的期待

我不上班。

谈不上是因为有多大的理想和抱负，

也谈不上为此下过多大的决心。

我只是想写我想写的文章，所以决定，

工作的事情就等写完我的书再去想它。

过了几年后，有一天我突然冒出一个疑问：

我当初怎么轻轻松松地就做了这么重要的决定呢？

仔细想想，我之所以能自信地为自己的人生做决定，

得益于父母对我的养育方式。

在我的成长过程中，父母从来都没有强迫过我一定要做什么。

虽然在我做决定之前，他们也会给我一些意见，

但最终都会同意我按自己的想法去做。

一直到中学时期，我都热衷于看漫画书，

而疏于钻研文化课，而我姐姐的学习成绩，

却总是排在全校前两名。

尽管如此，父母却从不把我和姐姐进行比较。

多亏他们的开明教育，我从没有担心过自己会得不到父母的关爱，
也习惯于为自己的事情做决定。

当然，尽管我行我素，
我心中却依然残存着想在父母面前好好表现的念头。
但后来，这种心理负担也被我抛到了九霄云外。
因为我觉得，这种“自我激励”并不能保证我得到更多关爱。
记得我二十五六岁那年，在一次吃饭的时候，我突然对父母说：
“别期待我会有什么出息，你们就当我是这个家里的寄宿生好了。”

当然，肯定是要挨骂的：
“我们含辛茹苦把你养大，你怎么能说出这样的话？”
但我仍然坚持我的想法，说往后就当我是个寄宿生好了。
其实，我又何尝不想成为他们知冷知热的“小棉袄”呢？
可能的话，我也想让父母感受一下跟着孩子吃香喝辣的幸福，
就算我无法飞黄腾达，也想尽我所能让他们感到高兴。
因为对我而言，他们是最重要的人。
但我明白，我带着这种心理负担去努力，
并不能保证给他们带来幸福。
即使我知道这么做可能会让他们感到失望，
但归根结底，不行的事情就是不行。

我们只能各自担负起自己的责任，对自己的人生负责。
这样的人生，有可能符合父母的期待，也有可能不符合。

但如果是为了满足父母的期望而生活，
这非但不能说是一种爱的生活方式，
反而可以说是沉浸在负债感、压迫感之中的人生。
如果说对我的人生负责是我的义务，
那么，理解子女无法按照父母的意愿去生活的事实，
也应成为父母分内的事情。

如果我们的压力
源于接受了父母的经济援助而产生的负债感，
那么，以后挣钱还上就行了。
因为只有交了寄宿费，也才有资格自称为寄宿生。
但千万别为此而出卖自己的人生。

努力生活不是为了满足别人的期待，
我们该努力实现的，只有自己的期望。

我的人生路，走起！

做自己，而不是成为别人

在我读小学二年级的时候，老师曾在课堂上专门安排时间，
让我们说说各自的梦想。
当时，我不记得在哪里听说了居里夫人的故事，
便宣称，长大后要成为一个像居里夫人那样的女科学家。
但实际上，在我还只是一颗受精卵的时候，
就和科学家这种职业八竿子打不着。
不过，读小学二年级的我，即使说出了这种大话也无伤大雅。
一个年仅九岁的小孩，想要成为一家物流公司的采购，
或一家大企业的会计，才是荒唐至极的事情吧。

然而，即使多年后我们都已长大成人，
我们的梦想也没有转变为“我要去做什么”
而仍是“我要成为什么人”。问题就往往出现在这里。

我曾经和一位皮肤科医生有过一次交谈。
他毕业于首尔的一所医科大学，就职于江南区一家皮肤科诊所。
在交谈中，我丝毫感受不到他的个性或人生哲学，
反而觉得他是一个还没长大的孩子。

于是我问他：“你现在感到幸福吗？”

听到这个问题，他连一秒钟都没有犹豫，立刻回答说“不”。
在别人看来，他的工作已经相当不错了。
但他自己却认为，没能成为更厉害的学霸，
没能在更大的医院里工作，是他人生最大的遗憾。

在很多书里，都会出现这样一类人，
他们的工作、职位具有很高的社会认可度，
即使这样，他们也依然不幸福。
那位皮肤科医生就是如此。

他在发奋读书的过程中度过了自己的青少年时期，
他说：“因为能考上医科大学，所以就读了医科。”
他连稍做考虑的余地都没有。
进了大学以后，便马不停蹄地投入到紧张的课程和实习任务中，
然后终于走到了今天。

可他为什么会觉得自己不幸福呢？
他一直在追求社会地位，追求稳定的经济收入，
追求别人的肯定，却从来没有认真观照自己的内心。
久而久之，他的内心变得极度空虚。

对于他来说，最重要的是成为一名医生。
为了填补自己空虚的内心世界，完善模棱两可的自我，
他把希望全部寄托在“医生”这一职业上。

可他仍然觉得自己不幸福。
本以为成了一名医生以后，一切问题都会迎刃而解，
然而，更高的年薪和更大的医院，以及更好的背景，
这些外在的价值牢牢控制了他的内心，
却无法填满他空荡荡的内心世界。

当然，对于一个人而言，工作并不仅仅意味着赚钱。
所谓的职业，应该让一个人变得更像自己，
而非凭空捏造自我。
只有有了最初的小雪团儿，才有可能滚出大雪球。

如果一个人只关注外界，而疏于关照自己的内心，
那么，每时每刻他都将生活在比较当中，
怎么可能获得幸福和自尊呢？

我们最需要的，并非一张写着自己各种头衔的名片，
而是成为一个无须向任何人证明的自己。

要成为我们自己，而不是其他任何人。

不屈从世上的标准答案

在社区的咖啡馆里，我偶遇了一位加拿大籍的小学英语外教。
我们两个人随便聊了起来，
她告诉我，来到韩国以后，她遇到了很多奇怪的事情。
比如，韩国人会把Smart student视为Good student。
在她看来，学习不好的学生也可能是一个好学生，
而学习好的学生，也可能不是一个好学生。

对我们司空见惯的“Smart=Good”这一等式，
她表示根本无法理解。

关于“幸福”的说法也如出一辙。
所谓“幸福”所需的要素，除了一定的经济基础之外，
还有健康的身体，良好的人际关系，
懂得享受生活的人生哲学和对艺术的审美力，
以及通过生活细节而感受到人生意义的能力等。

但是，对我们而言，“幸福”(Well being)这句话，
所包含的意思仅仅是指富裕的生活。

为什么在我们的意识系统中会删除了众多不同类型的价值，
而仅仅保留了那一种价值呢?

其中也许不乏“6 · 25心声”[①]带来的巨大影响。
再也不想遭到侵略，也不想把绝望传给下一代，
这种“6 · 25心声”，使我们的社会采取了“无限过渡期”（Everlasting Transition Period)、“通行禁止”等类似于军管的统一化控制制度。

这种植根于我们思想深处的思维方式，一直延续了好几代。
“出口100亿美元，人均国民收入1000美元”，
这种让人们投身于实现诸如此类量化指标的社会模式，
转身一变又以“体重减少5公斤，托福考试900分”这样的面貌
出现在我们的个人生活中。

而整齐划一的社会形象，
则以追求同一答案的形式遗留在我们的血液里。
所以，在我们的社会中，
一个女人要努力达到“体脂率17%，体重48公斤”的标准，
要养成开朗而又谦逊的性格，

要毕业于名牌大学，然后进入知名企业工作。

这样的社会为了追求高标准、统一化的答案，
大力赞赏给出正确答案的人，同时大肆羞辱给出错误答案的人。
而给出错误答案的个人，
只能依靠自己的力量去对抗来自整个社会的歧视。

最终，我们得到的是，持有正确答案的少数人的傲慢
和持有错误答案的多数人的挫败感所组成的病态社会。

英国的媒体人丹尼尔·图德曾经尖锐地指出：
韩国社会对个人施加的压力，使得韩国人在教育、名誉、外貌、
职业成就等方面，过于追求自己不可能实现的、统一的标准。
要求每个社会成员都追求无法实现的标准，从这点来看，
韩国是一个“不可能的国家”（The impossible country）。
我们所认为的“理想的我”，是一种可能的（possible）存在吗？
在一个正常的社会中，不可能人人都拥有苗条的身材，
讨喜的性格，更不可能都毕业于名牌大学。

如果真的人人如此，那么整个韩国，
真是一颗该出现在《银河铁道999》里的行星了。

如果整个社会，整个世界，
强迫你做出某种“正确的”回答，那么你一定要质疑它的正当性。
你不要为了得到满意的分数而屈服，
更不要被所谓的标准答案压得喘不过气。
你绝不能因此而贬低自己的价值。

关于好学生，有很多种定义；
关于幸福的生活，也有不同的实现方法。
我们有权做出各自的回答。
我们不是错了，
我们只是不同。

① 6·25心声：康俊晚教授在《韩国人的秘密》一书中，就生活在6·25战争时期的韩国人“生存还是死亡”的生活状态所归纳的概念。如今，这一概念也被用来泛指仿佛生活在战争年代的韩国人的心理。

认为重金属是真理的人，
说不定也会要求披头士们演奏重金属音乐。
但即使不演奏重金属音乐，
披头士仍是披头士。

提升自己的眼界

记得我二十岁刚出头的时候，
曾经读过一本有关人生智慧的书。
其中有一句这样说道：“与其买一堆廉价的衣服，
不如花同样的钱买一套高档的服装。”

过了几年，有一天我打开衣柜时，
突然想起了这句话。
眼前的衣柜里挂满了商家清仓大甩卖时买来的冬季外套，
根本没考虑自己什么身材，
只是觉得模特穿着特别美就买下来的裙子，
以及百分百会被妈妈拒绝带进家门的奇装异服。
然而，看着这些服装，我并没有后悔自己曾经盲目购物的行为。
因为那时正是我疯狂尝试各种款式的服装，
经历种种失败和成功，
逐渐找到自己的风格，
提高自己的品位和审美的时期。

如果你也经历过多次的失败，
那说明你也曾为了找到属于自己的风格而孤军奋战过。
那么，你不妨通过试错，养成自己的品位和审美眼光，
找到你最喜欢的那一款。

所谓人生，无异于去寻找最适合自己的
那一款质地上乘的服装。

+

她最适合留短发的事实，
他最适合绅士风的事实，
我最适合杏红色腮红的事实，
都是通过不断的尝试才被发现的。

被"整齐划一"的经验会令人误解自己；
经验，会让人理解自己。

自己做出选择

正如一位哲学家所言，
人生是B（Birth，诞生）和D（Death，死亡）
之间的C（Choice，选择），
我们的人生，取决于我们如何选择。

可是，在我们身边，有很多不善于做出选择的人。
做事谨慎和举棋不定，完全是两码事。
为什么举棋不定呢？
可能是因为他们有“一定得到完美答案”的强迫症，
但更多情况下，是因为他们不太相信自己的判断。

不相信自己做出的选择，
没有信心去承担选择连带的责任，
于是期望别人替自己选择，
或者一直犹豫不决，直到存在的问题进一步恶化。
然而，这不仅仅是浪费时间的问题。

纳撒尼尔 · 布兰登曾说：选择会积累在人的灵魂深处，
而长期积累的结果，就形成了自尊感。
也就是说，在生活中做出许许多多的选择，
长此以往才会形成自尊感。
为什么会这样呢？

能够驾驭自己人生的自我信任，
并非产生于相信自己绝对不会失败的时候。
只有在自己做出最佳选择，并敢于承担一切后果的这一刻，
才能获得对自我的信任。

相反，如果你无法自主地选择，
积累自我信任的经验就会非常贫乏，
而靠着贫乏的经验，是难以产生自信心的。

选择、责任和自我信任，
就像齿轮一样咬合在一起，只有当它们正常滚动时，
才会赋予人们自尊的面貌。

所以，哪怕诸葛亮就住在隔壁，
我们也不能把决定权交给他。
我们必须相信自己手上那个名为“过去”的数据库、
名为“失误”的错误答案笔记本
和内心的指南针，在人生之路上独自前行。

生活中没有完美的答案。
但只要能对自己负责，
你做出的选择都是正确的。

拥有自己的爱好

我的前任男友很喜欢定期买票去艺术中心观看演出，
大多数都是受邀在海外表演的现代舞或行为艺术。
每一次，他都希望我作为女朋友能跟他一起去欣赏。
但看过几次之后，我觉得除了弗拉明戈以外，
其他的演出都很无聊，
即使把节目单看了好几遍，还是不明白舞台上在演些什么。
虽说去国外观看一场这样的演出花销不菲，
但对我而言，我宁愿待在家里看书。
所以，我之后都会拒绝他：
“这不是我的菜，你还是找别人一起看吧。”

我并不是想贬低艺术表演的价值。
有的人会因现代舞而感慨万千，
有的人会为《海贼王》公仔折服，
还有人会在观看HBO的《权力的游戏》时感叹不止。

有的人会错误地把个人爱好分为三六九等，
并强迫他人拥有相同的爱好，
但个人爱好的差异，并不能成为品味优劣的证据，
也不是可以强求的事情。

拥有自己的爱好，会让人生变得更丰富多彩，
所以首先，我们要忠于自己的感觉，
不要受他人的评价或观念所左右，
也不要盲目追求容易在SNS上获得点赞的东西。
虽说为了真正了解个人的喜好，
要培养自己的审美眼光，
但爱好不是去培养，而是去感受。

比起文艺演出，我更喜欢参观展览，
比起情节悲伤的电影，我更喜欢看欢乐的喜剧片；
比起牛排配红酒，我更偏爱猪排加拌冷面的组合。

我们所需要的爱好，
不是用来填在兴趣栏里让自我介绍看起来更光鲜，
只是为让我们每个人都过得更好。

生活的风采和浪漫，也正在于此。

几年前，我看了电影《盗梦空间》以后，

各位，拜托尊重一下多样性好吧。

面对真实的自我

讨厌一个人是很累的一件事。
在学生时代，我最大的苦恼就是总会出现让我讨厌的同学。

高中时，我曾经跟一个同学吵过一架。
那时，我和她在同一个社团参加活动，
她很想成为社团的团长，因为可以加学分，
她便找到老师，提出自己想当社团团长。
但后来却骗我说，是老师主动让她当团长的。

当时，我认为她的做法太过自私。
后来又发生过几次相似的事件，我和她的关系便逐渐疏远起来。
从那以后，每当看到她的时候，我就会露出一脸厌恶的表情。

等到了一定的年纪，我又想起当时的自己，
不禁自问，我当时为什么非要表现出讨厌她的样子呢？
如果是跟我合不来的人，离她远点不就好了吗？

我一边自责当时的自己怎么那么不懂事，
但又一边安慰自己，她身上确实存在着令我反感的地方，
而且厌恶某个人，也算是人类正常的情绪范畴的小失误吧。

可是有一天，我在回想过去的时候，
猛然冒出这样的念头：
为什么我的错误可以是正常的情绪范畴内的小失误，
却把她的错误视为超出这个范畴的失误呢？
事实上，无论是谁都会有一定的自私心理。
如果说那时的我还不太懂事，
那么，我的那位同学也只是年少不懂事而已。

一直以来，我都只是把我喜欢的一面当成是“我”，
一边在心里骂那些自私的朋友，
一边认为自己是个不自私的完美的人。
每当我讨厌的“我的另一面”出现时，
我便视而不见，假装不知道有这回事，然后一笑而过。
我把自己讨厌的另一面伪装起来了。
这样看来，我对自己的态度是多么傲慢啊。

分析心理学创始人卡尔·荣格把个人想要隐藏起来的性格
统称为“影子”，并认为，任何人都有“影子”。
他认为，“影子”是无法完全消除的，
想要拥有健全的内心世界，最好的方法是与“影子”达成和解。

针对某一件事，我们并非只会产生一种情感，
人人都有不愿承认的自私心理、残忍行径和“黑历史”。
可是，如果因为不想面对内心的阴暗面而不予承认，
那么“自我”的概念就会被颠覆，
我们将无法认清真正的自己，也无法控制自己。

为了培养更健康的内心世界，
要发觉和接受自己不足的一面。
所以，即使是自己讨厌的一面也要坦然接纳。

只有勇于直面自己本来的样子，
才能给那些被掩藏的欲望一定的“允许误差”。
“允许误差”的范围有多大，我们就能在多大程度上
宽容自己，宽容他人。

当我们不再回避自己的缺点，不再替自己辩解，
当我喜欢的我和我讨厌的我融为一体，
直面真实的自我的时候，
我们才能免于沦为傲慢的人，
成为一个真正的人生活下去。

+

我们不会因某人的不完美而讨厌他。
我们厌恶的是假装一切很完美的傲慢。

我们都不是完美的。

生活在一个可以让自己发光的地方

上初中时，我曾和朋友一起去政府办公室参加社会实践活动。
当时，我们的工作任务是把文件项目整理成表格清单，
核对其中数字，检查是否有错误。
无论是当时还是现在，我和数字一直都不熟，
所以在看到文件的瞬间，就觉得累了。
我一边忍受着无聊，一边以蜗牛的速度整理文件，
而这期间，和我一起去的那位朋友却干净利落地整理好了文件，
还自言自语着“真有意思”。
我很好奇，便问她这种工作有趣在哪儿。
她回答说，找出错误，再把它们一一纠正过来，这样很有成就感。
后来，朋友考上了一所大学的税务专业，现在任职于一家税务所。
无论去哪里，她都会是工作细致又麻利的好职员。

一个人要想在尊重自己的前提下生活，
首先要对自己的才能有充分的认识，
并选择一份可以发挥才能的职业。

如果无法做到这一点，就要忍受工作的乏味，
还会觉得自己没有价值。

可是，很多人一提起才能，
就会联想到艺术或特殊的职业，
认为只有那些了不起的才能才有价值。
如果被困在这样的想法中，
就不会注意到自己的才能和长处。

才能是可以被逐渐提高的，
才能的高低不同，能够发挥的作用也不同。
举例来说，
从事写作的人没必要一窝蜂地都去挑战“新春文艺奖”。
比起才能的高低，
更重要的在于发现自己拥有什么样的才能，
“具体”地了解自己的才能。

那么，才能究竟是什么呢？
我所理解的才能，是在做某一特定事情的时候，
能比他人更“轻松”地完成的能力，
这种能力绝不局限于某几个种类。

对某些人而言，整理文件就是他的才能；
对某些人而言，能和不认识的人愉快地交谈就是他的才能；
对某些人而言，眼力好就是他的才能；
对某些人而言，善于倾听就是他的才能。
这些才能不像绘画或唱歌那样，
容易被人发现。
所以，为了发现自己的才能和长处，要密切地关注自己，
找到能“充分发挥”自己才能的职业。
不妨试着列出这样一份清单：
我喜欢做什么？
在哪些领域能比别人更轻松地完成任务？
如果不清楚该从哪里下手，也可以先在网上做一下个人素质测试。
要尽可能地尝试用多种方法来了解自己。

通过这样的过程，可以在喜欢的事情和擅长的事情之间找到交集。
当然，这并不容易，也可能需要一些时间。

但是，如果你不愿意给予自己的人生
足够的关心和尝试，
那么别说是他人，你连对自己的尊重都很难得到。

资本主义最大的悲剧在于，
那些无法用金钱衡量的才能变得毫无价值。

Part 3

为了避免被焦虑控制的 To do list

忧虑不会减少明天的悲伤，

却会夺走今天的力量。

——彭柯丽（Corrie Ten Boom）

承受人生的不确定性

我一直都很喜欢找人算卦，
但是应该相信到什么程度呢？
《李泳敦导演在路上》这档电视节目给出了这个问题的答案。

在《盘点大韩民国十大占卜师》这一期节目中，
节目组的工作人员亲自找到韩国有名的占卜师们进行验证。
验证的具体方法是：分别向他们咨询某连环杀手的命格
和被绑架后遭到杀害的儿童的命格。
在这些占卜师当中，虽然有些人很神奇地都说中了，
但大多数人给出的回答，都与事实不符。
在节目组的第一轮验证中过关的，只有六个人；
而在第二轮验证中过关的，只有两个人；
即使是闯过最后一关的那位“大师”，
也不敢百分之百地相信自己的卦象。
花了一千多万韩元的卦资，见了一百多位占卜师，
然而，他们当中能全部说中的人，只有几个而已。

这个事实说明，

所谓占卜，就像添加了5%红参粉的红参含片一样，

只是略微带点真实性的猜测而已。

即便如此，我们还是想获得明确的人生指引，

但就算是诺查丹玛斯[①]掀开棺材板跑出来，

也无法告诉你一个明确的未来。

这并非由于占卜大师的功力不足或是你的福运不济，

而是因为人生的本质就在于其不确定性。

虽然对需要明确人生指引的人感到抱歉，

但我还是要说，在这十年中，无论是生辰八字还是塔罗牌，

我都算过，为此也花费不少，而我得到的结论是：

所谓人生，就是要承受它的不确定性。

+

归根结底，我们请人算卦，

无非是想听他说一句："都会好起来的！"

与其相信占卜师，不如相信你自己的力量。

① 16世纪法国预言家。

她永远年轻。
他永远健康。
她永远不会孤独。

让某一命题成为谎言最简便的办法，
就是给它冠以“永远”这个副词。

○ 学会与烦恼一同生活的方法

在生活中，经常会出现你唯恐避之不及的事情。
而有些事情，也没有切实可行的解决方案。

那些无法挽回的事情，那些如今依然束缚着脚步的过去的失误，
那些需要长期付出心力防微杜渐的事情……
一旦发生了这些事情，就会令人产生放弃这糟糕的人生的想法。

如果人生也能像任天堂游戏那样，可以重新回到起点该有多好！
如果此生看似无望，就该像行尸走肉一样活下去吗？

说实话，我也有过那样的瞬间。
但即便如此，
我最终还是得出了“那也得活下去”的结论。
因为几个小意外而抛弃整个人生，实在是比窦娥还冤。
就算别人认为我的人生不值一提，但对我来说，它就是我的全部。

就像电视剧《又是吴海英》里的主人公海英说的那样：
“我依然珍视自己，也希望自己能变得越来越好。”
你也能做到这一点。

因为心力交瘁，因为越来越厌倦自己，
因为再也无力去承担，
于是想放弃这样的自己。
但是，没有人能代替你去照料你的人生。
如果因为受伤、因为事与愿违，
因为自己的人生得不到任何关怀而独自哭泣，
那岂不是对不起自己了吗？
因此，在生活中即使遭遇了不幸，
如果你充分感受到了悲伤和独孤，
就要学会和这些并非所愿的事情一同生活的方法。

并不是说你的疲惫不值一提，
也并不是说所有人都那样生活，
而是对你来说，这是你自己最珍贵的人生，
所以我希望你能好好活下去。
真心的。

担心谁都无法左右的部分，

并试图得到彻底的安全感，

这跟想在无菌空间里把自己冷冻起来有什么区别？

人生的安全感，

并不是通过彻底排除不确定性来获得的，

而是在对抗不确定性的时候才会获得的。

生活即使再艰难，

也会有过去的一天。

○别人的生活中也存在着问题

我们从小便认为，只有那些父母之间相敬如宾，
又能对子女们无限疼爱的家庭，才是正常的家庭。
但事实上，世间有多少父母能如此完美？
看到传媒呈现给我们的形象
和人们从表面上展现出来的光鲜的样子，
我们会误以为这种完美无缺的理想状态才是正常的。
这种错觉导致了
普通人（只是别人不知道而已）
常常认为自己的人生有缺憾，
并在内心深处隐藏着自卑感。

然而，所谓“不正常”指的是什么呢？
少数的一方就是不正常吗？
如果说没有丝毫缺陷的状态才是正常的，
那么世界上真的存在没有缺憾的人生吗？

正如弗洛伊德规定的“正常”的标准是
“有点歇斯底里、有点偏执，有点强迫症”一样，
“正常”并不是完美无缺的东西，
而是夹杂着“一丝伤痛、一丝缺憾和一丝不足”。
人生有很多种不同的形态，
而我们只是以不同形态生活的少数人而已。

事实上，无论你在什么样的家庭环境中长大，
无论你的身上有什么问题和缺点，
都是正常的。

+

人们总是习惯把自己的不幸藏得严严实实，
而世上的不幸一直都是普遍存在的。

当遭遇了不希望发生的事情时，
有的人会认为是不幸，
也有人只把它当成一个小插曲。

幸福就取决于这一分歧点。

别给自己的未来编造荒唐的苦情戏

有段时间，我总是为一些鸡毛蒜皮的事情忧心忡忡。
我以为，如果提前担心过某件事，等它真正来临的时候
就会有一种安全感。
比如说，因为总是咳嗽不止，便怀疑自己得了肺病，
去医院检查的结果只是病毒性流感而已，这时就会顿感释然。
像这样，为了得到安全感，我总是对未来充满夸张的担忧。
可人心这个东西就是这么奇怪，反复无常。
到后来，只要一咳嗽，我就疑神疑鬼，
仿佛自己真的得了肺病。
这种过度扭曲的忧虑已然变成了一种习惯，
我总会独自排练最糟糕的情况而搞得自己筋疲力尽。

可是，担心还没发生的事情，
就像生怕爆发战争而躲在地洞里生活，
或者提前购买眼下并不需要的东西，
以应对未来有可能发生的不测。

这样既浪费生命，也很不合理。
那么，如何减少这种浪费呢？

忧虑通常是由非理性的、过于消极的想法引起的。
所以，要摆脱过度担忧，
应该先纠正自己各种戏剧性的扭曲的猜想。

我们不妨先了解一下你在担忧些什么。
是不是在想着那些不太可能发生的最坏的结果？
是不是因为自己咳嗽就担心得了肺病？
不要被凭空捏造的未来所束缚，而毁掉当下。

你痛苦是因为你给自己的未来编造了荒唐的苦情戏。

你是否被未来所束缚，
而失去了当下的生活？

寻找真正有效的解决方案

人具有一种被称为“神奇思维”的原始思维方式。
比如说，在没有天气预报的原始时代，
如果雨一直下个不停或台风肆虐，
人们就会感到突然和恐惧。
原始人认为，大雨不止是因为神发怒了，
于是便将少女作为祭品沉入水中。
但事实上，该停的时候，雨就会停下。
他们奉献的祭品，根本无法影响天上的雨云，
但是他们却相信自己可以控制眼前的局势，而松了一口气。
在无法控制的情况下，为了消除恐惧和不安
而被调动起来的正是我们所说的神奇思维。

在我还是个单纯的孩子时，我在学校接受了特别教育。
在那之后的一年里，每天入睡以前，我都会祈祷不要爆发战争。
尽管我的祈祷对国际形势产生不了任何影响，
可我却相信，只要虔诚地祈祷，战争就不会发生。

尽管我们不是原始人，也早已不再是十几岁的孩子，
却还在依靠着神奇思维。
就像原始人为了避免洪灾而把少女当成祭品一样，
就像我们每个晚上都为了避免战争而祈祷一样，
当面对自己难以控制的事态时，
我们更愿意相信那些容易的虚假的解决方案，以此来获得安慰。

所以，为了缓解贷款利息的压力，人们有时会求神拜佛，
也会相信经常家暴你的男友哄你的鬼话，
即使现实生活已经出现了严重问题，人们也装作看不见，
而是盲目地在与幸福无关的事情上倾注自己的努力。
然而，越是通过虚假的解决方法逃避事实，
就越是难以找到真正的解决方案，而最终什么都解决不了。
虽然我们相信随着时间的推移，一切都会过去，
但正如那些精灵不可能替你去完成寒假作业一样，
世上也有很多时间无法解决的问题。

如果你正深陷于某种问题而无力自拔，
那么你就该认真反思，是否一直执着于虚假的解决方法，
是否一直都没能直视问题的本质。

最终，你还是要去面对那些曾经恐惧的问题，
并将那些担忧转变为一个个的计划。
当然，这个过程也许会很艰难。

但是，当你迈开脚步去寻找真正有效的解决方案时，
你才会获得真正的自由。

+

在你的内心中找回的意识的光芒，
解放你长久以来被束缚的人生。

在回顾走过的人生路时，
你需要的不是后悔，而是评价；

在展望未来时，
你需要的不是担忧，而是判断。

不要过于敏感

我有位朋友曾出过一次交通事故。
据说，当时她正在通过人行横道，
不料一辆停在前面的车突然开了过来。
新手司机犯了低级错误，但好在我的朋友伤得并不重。
可是听了她的遭遇以后，
我在过马路时，即使所有的汽车都停了下来，仍会感到不安。

人一旦有过负面的、恐怖的经历，
就会担心这件事是否会再次发生。
这种茫然的预感，就是我们产生不安的根源。
本以为，经历过了人世沧桑以后，
就会成为一个能坦然面对很多事情的大人。
但负面的经验也会随之累积，
随着年龄的增长，不安感也会更强烈。
加之，这种负面的经验，
就像朋友的交通事故也影响了我一样，也会间接地影响他人。

我们生活在一个充满焦虑的世界中。

媒体生动地报道着各种各样的事件和事故。

从健康信息节目的内容来看，需要预防和注意的事情层出不穷。

而不稳定的经济形势，无法给予生活任何保障。

人们变得异常敏感，“深井冰”也随处可见……

加湿器里的杀菌剂不杀菌，专杀人！

看到或听到太多诸如此类的“真相”以后，

我们会变得紧张和不安。

于是，我们的内心因为无休止的不安变得过于敏感。

而过于敏感的内心，

会打破实际状况与幻想之间的界限。

尽管没什么大不了的事，我们也会像发生了紧急情况那样坐立不安。

所以，我们要像李时炯博士所写的《活得笨拙》的书名一样，

让自己稍微变笨一些。

告诉过于敏感的自己，
那些只是过去发生的事情，
没有证据证明事情一定会往坏的方向发展，
所以没必要顾虑每一个低微的事发概率。

放松点儿，不要沉浸在幻想中，
回到现实世界里来吧。
你实际经历的人生，
远比你想象中的更加平和。

调味料能提升口味，
但用得太多，
也会毁掉一道菜。

足够的悲伤

在生活中，我们总要面对大大小小的离别。
告别我们珍重的人，
告别匆匆而过的、没能得到关爱的童年时代，
告别曾经的理想，告别自己的青春，
告别曾经一直坚信的真理。
而对于这一切的离别，无论是漫长地还是短暂地，
都需要为其一一哀悼。

所谓哀悼，是指内心毫无抵抗地为某件事感到悲伤。
由于缺乏直面痛苦的勇气，
硬是要回避和压抑它们，
又或者因为没有及时地理解自己的内心，
我们错过了一个又一个释放悲伤的机会。

弗洛伊德曾经指出，如果一个人无法充分地释放悲伤，
就会诱发抑郁症。

即使我们把感情层层封印起来，
它也并不会消失。
没有经过释放的悲伤，无法洗去，
反而淤积成抑郁的泥潭，
拖住我们的腿，阻止我们前进。

如果你心中有种莫名的焦虑和沮丧，
就应该去寻找原因。
尽管它们可能缩成一团躲在你的心底，让你无法轻易地发现，
你也要不停地追问，不停地探寻，找出问题的头绪。
即使找到了问题所在，也仅仅是调查的阶段结束了，
并不意味着问题得到了解决。
但即便如此，客观对待问题的过程中，
我们将不再被感情所控制，从而获得了释放悲伤的机会。

所以不妨向内心深处发问：
你在面对着什么样的离别？

对那些无法挽回的事情
——哀悼。

深入思考重要的事情。

对很多事情都想得很肤浅。

要想找到问题的实质，
我们需要的不是思考的量，
而是思考的深度。

累的时候就说累了吧

我不是那种会说“我很累”的人。
不仅不对别人说“我很累”，
心里也不觉得自己累。
我觉得，说出来反而会更累吧，所以总是对自己说“没关系”。
可是，明明很累了，却还硬撑着假装轻松，
久而久之，对自己的感觉逐渐变得麻木。
这种麻木的感觉，也会让其他的情感变得迟钝，
即使已经达到了能承受的极限也不自知，
任由自己被剥削、被消耗。

所以，即使没人理解，即使改变不了什么，
也要在身心疲惫的时候大声地说出来，
也要懂得在无法承受的时候停下脚步。
我们不能总是说着没关系，一直保持亢奋，
也无须每时每刻都坚强凌厉。

所以，当生活中要安装太多插件的时候，
当感觉自己快要被责任淹没的时候，
当走进家门后突然泪流满面的时候，
你要记得对自己说：“我现在真的好累啊！”

没有人可以代替我们守护自己的内心，
太过沉重的牺牲，无疑是在虐待自己。
所以，就算有一点点自私也没关系，稍微不负责任也可以。
世上没有什么比一边谈论着责任感，一边置自己于不顾
更缺乏责任感的事情了。

+
综上，我现在真的很累。

或许，我们一直以来被教育
表达情感是不对的。

别因为不安就盲目地努力

回想起来，大学毕业以后，我做过很多事情，活得非常努力——
在作品征集展上获得过奖，
花钱去一个奇怪的团体接受过领导力培训，
还当过啦啦队队员……
可现在看来，我做过的这一切对我现在的职业并没有任何帮助。

当然，世上没有无用的经验。
史蒂夫·乔布斯年轻时学过的印刷术，
也对日后苹果公司的设计产生了积极的影响。
但我们所拥有的时间是有限的，
一个人必须有一个属于自己的专业领域，
其他的经验才有可能真正发挥作用。

我们生活在一个不进则退的时代，
总觉得无论做什么事情都要认真、要努力，
于是不加甄别就全身心投入，并在这样的过程中获得安全感。

但是，学了几句蹩脚的汉语却完全派不上用场，
获得了某些所谓的证书却无法证明任何资质，
参加了各种活动，事后却完全想不起来自己都做了什么……
这一切徒劳无法给人生带来任何保障，
由此得来的安全感也极易蒸发。

世上到处都有这样的人：
他们为了获得利益而利用我们的不安。
如果不清楚这些事情的本质，就会被迷惑。
大多数人为了证明自己在认真地生活，为了不脱离人群，
便被不安和焦虑驱使着，忙着做这个、做那个。
现在，这些事情该告一段落了。
是时候回到原点了。

为了过好自己的生活，你需要做些什么呢？
树立生活的目标，寻找实现的方法。
充分认清目标后再付诸实践，
而你的安全感也就在那里。

我们所能做的最大的努力，
就是充实地活在当下这一瞬间。

情感垃圾

Part 4

与他人和谐相处的 To do list

别人合伙辱骂我的时候，我也曾这样想过：

“你们这帮家伙骂我，我也并没有受到什么损失。

你们称赞我，也不能让我变得多么高尚。

所以你们尽管去骂好了。

我会毫发无损地、我行我素地去过我自己的生活。”

——金静《金勋是金勋，Psy是Psy》金勋访谈录

向彼此表现出最起码的礼节

一名失踪男子被发现时已经变成了一具尸体，
这个事件一时成了新闻和网络的热点。
一段时间以来，网民们对该事件究竟是自杀还是他杀，
抑或是本人的过失造成的意外事故而议论纷纷。
但无论是自杀、他杀，还是意外事故，
最终不都是一场悲剧吗？
对于异乡人来说，一轮明月也许就能带给他一夜浪漫；
对于旅行者而言，贫民窟也不失为一种体验；
而对于旁观者来说，别人的悲剧只是一个茶余饭后的谈资。

我们常像这样，对一个陌生人的故事
倾注我们缺乏善意的好奇心。
如果换成是我们自己的故事，我们会允许别人随意谈论吗？
我们无权了解他人的隐私。

如果你讨厌自己的生活被放到别人的案板上，
那么他人的生活也应得到同样的保护。
如果他人的私生活无法得到应有的保护，
我们又凭什么能独善其身，得到保障呢？
我们无法一边要求他人不得侵犯自己的隐私权，
另一边主张对他人隐私的知情权。

收起对他人私生活的好奇心，
这既是守护自己的人生不被侵扰的前提，
也是我们作为一个人，对彼此所能表现出的最起码的礼节。

✦ 不奢望获得所有人的理解

什么时候结婚？做什么工作？谈恋爱了吗？存了多少钱？
被问到这些问题时，人们往往会感到不快。
事实上，让我们感到不快的并非此类问题本身，
而是藏在这些问题背后的、别人对我们的判断。

仅仅因为某些方式与自己不同，
他们的目光瞬间就把我们变成了失败者。
他们连自己都不太了解，
可一旦面对别人的事情，顿时就变成了心理学家、分析师，
最中立的评论家，大肆评判。

可是，如果有人理解不了一个二次方程，
那么有问题的肯定不是方程本身，而是人的理解力不足。
同样地，如果有人理解不了我们，
问题或许也不出在我们身上，
而是那些人的理解能力不足而已。

所以大可不必因为别人的判断而瞻前顾后，
也没必要想尽办法证明自己。

我们不是为了获得
这些狭隘之人的理解而活着，
我们的人生只属于我们自己。

+

把旁观者的立场，
当成是全知全能的作者立场，
这种傲慢，必将误读真实。

我不是为了获得你们的
理解活在这世上的。

尊重彼此间的界限

我有一个朋友，脸上总是带着明朗的笑容。
无论是面对大学里繁重的课题，还是工作后彻夜加班，
我从没见过她抑郁或疲惫的样子。
朋友一直保持着这种状态让大家都觉得很神奇，
难道她真的是个心里没有一丝阴影的人吗？

作为和她相处了十多年的朋友，在我看来，
与其说她是由于内心太黑暗，所以才把心中的阴影隐藏起来，
不如说是她心中的阴影面积比别人小。
她有着超强体力，心态也很健康，也不那么敏感。
不过，她的心中似乎有一片从不跨出、也不允许他人闯入的领地。
这并不是说她的秘密很多，或是一个阴险的人。
每个人心中都有一块属于自己的领地，
只是安全感的界限范围各不相同而已。

从小时候开始，
一句“又不是外人”（当然是外人）
已经让我们习惯了用语言侵犯人与人之间的界限，
我们也曾一度把这种破坏界限的事情，视为彼此关系亲密的证明。

然而，并不是逐一地检查对方心中的阴影、
消除彼此间的界限，就是真正的亲密。
我们不能以“朋友”的名义，要求对方给予自己特别通行权。
即使对方的界限太过牢固，
我们也不能试图从外部破坏、强行闯入。
把个人的隐私翻个底朝天，这就是一种暴力行为。
所以，所谓良好的人际关系，就是要尊重彼此的界限。
好的友谊，在于保持亲密感的同时，
又保持彼此作为个体的足够的安全感和分寸感。

+
即使不打破所有的界限，
她仍是我的好朋友。

不平衡的关系
早晚要崩溃。

成为一个宽容的个人主义者

一本名为《被讨厌的勇气》的书，登上了韩日两国的畅销书排行榜。
其畅销程度，在低迷的图书市场上一度掀起热潮，
成为现象级图书。
为什么这本书在日本和韩国都能成为畅销书呢?
因为这两个国家都在“幸福研究”中出现了异常的数据——
与这两个国家较高的经济水平相比，
人们的幸福感水平却明显低了很多。

为什么会这样呢?
个人主义是幸福感的重要文化特性。
个人主义倾向越强，社会成员的幸福感水平就越高，
这和个人收入无关。
相反，即使是一个经济水平很高的国家，如果个人主义不够发达，
就无法产生相应的幸福感。
属于超集体主义社会的韩国和日本正是这样的国家。

那么，“集体主义”在哪些方面阻碍了个人产生幸福感呢？

“集体主义”社会会将集体的目标和团结凌驾于个人的自由之上，

有时也为了集团的存续而控制个人。

这本身就已让人们疲惫不堪了，

而更大的问题还在于控制的“手段”。

作为社会控制个人的手段，

个人主义社会主要利用的是个人的“负罪感”，

而“集体主义”社会主要利用的是个人的“羞耻心”。

如果说，负罪感指的是个人对自己的羞愧，

那么羞耻心则是指因他人对自己的看法而感受到的羞愧。

所以我们不断地被教育要彼此控制，

被要求去意识到他人的意识。

在“换位思考”的教诲下，

我们习惯于通过他人的眼光检验自己的行为，

结果，常会说出像“我要活出个样子给你看”

“早晚有一天让你高攀不起”之类的废话。

这种过度的“他人意识”，无异于在心中安装了一台监视器，

一想到有人在关注着我，我们就感到紧张和不安。

《被讨厌的勇气》这本书之所以能风靡韩国和日本，

正是这两国人害怕他人眼光的旁证，

也反映出了生活在“集体主义”社会中的人们的疲劳程度。

主流观点认为，韩国之所以成为“集体主义”社会，
是受到了需要共同参与劳动的农耕社会的影响。
但现在，我们早就不需要聚在一起耕作稻田了，
比起被讨厌的勇气，我们更需要的是宽容的个人主义。
这并非盲目地吹捧西方的意识形态，
而是因为现在的“集体主义”文化弊大于利。
研究表明，与“个人主义近似于反社会行为”的传统观念相反，
个人主义与亲切、宽容和社会协作等理念是紧密联系在一起的。
在个人主义社会中，人们能够在彼此尊重的基础上，
建立一种更加温暖的人际关系。

现在，我们需要在两个方面改变自己。
一方面，不过度关心、干预他人的生活，
这是属于感性范畴的问题。
另一方面，对他人的反应，不过于敏感，
承认并尊重每个人有各自不同的生活方式和理念，学会和谐共生。
当然，在这一点上，我也不完美，正在努力地完善。

为了让你和我都变得更幸福
不妨对自己和他人更包容一些。

我们需要的不是“为你好”，
而是尊重。

日常生活中，不以成败论英雄

上大学时，一次培训中，我曾和一位同届女生有过这样一场对话。
那个女生毕业于首尔一所美院附中，
而在我们专业有好几个学生都毕业于那所学校。
对此，我很惊奇：
“听说你跟A和B都是同学，能一起参加培训多好啊！”
“谈不上。我们关系一般。”
“嗯？为什么？”
“大家都是竞争对手嘛。”
这是要干吗，在拍偶像剧吗？

当然，我至今都觉得那个女生有点过分，
然而回想当时，竞争关系其实早已深入我们生活的各个角落，
只是我没有感受到而已。
我在学生时代也曾读过《提高成绩的秘诀》之类的文章，
所谓秘诀，就是建议我们在学习过程中把某人当成竞争对手。
所以，我也曾把一个同学视为竞争对手，但没能坚持多久。

反正全国比我学习好的人数不胜数，
胜过这一个，又有什么意义呢？
幸运的是，我没有完全接受文章里的观点。
但不知有多少孩子读了这篇文章以后，
为自己选定了一个又一个的竞争对手。

在那个年代，我们本应该培养友情，建立起对世界的信任，
可为了获得更好的成绩，考上一所更好的大学，
而建构了一种竞争的人际关系。
把别人视为竞争对象，进而不再相信他人，
这抹杀了我们的团队意识，也破坏了我们对他人、对世界的信任。
所以，尽管韩国社会是一个超集体主义社会，
但在经合组织的“共同体指数”和“社会关系”方面却排在倒数第一。

这个事实意味着和个人主义根深蒂固的西方社会相比，
我们的共同体更加脆弱。
结果是，尽管我们仍然处于“集体主义”
意味浓厚的文化中看着别人的眼色行事，
但在这种文化中却没有任何的信任和纽带。
每个人都沉溺在各种关系里近乎窒息，
同时又都是散落的寂寞孤单的个人而已。
这样的事实，让我们备受压力。

我们如此绞尽脑汁，究竟得到了什么？
竞争性的人际关系，能赋予我们强大的竞争力吗？
对此，我是持否定态度的。
就像韩国作家韩江获得布克国际文学奖的作品《素食主义者》，
并不是因为把朱利安·巴恩斯或村上春树
当作竞争对手才写出来的。

如果在人际关系中你无法承受丝毫的损失，
如果只是听到堂兄打算买个房子，你就开始嫉妒，
如果暗自无休止地和他人计较胜负，
那么你将在不知不觉中沉沦在竞争的人际关系里。
然而，竞争意识只会让我们时刻感到紧张和疲惫，
并不能造就一个人的竞争力。
与其把所有人都当作竞争对手，让自己高度紧张，
不如把这些时间用来做好自己的事，创造自己的世界。

此外，我们也要进一步恢复对他人的信任，
找回那个无关胜负、无关分数的真正的共同体。

在安全的圈子里夯实自己的世界时，
我们所拥有的力量和可能性，才会变得更加鲜明。

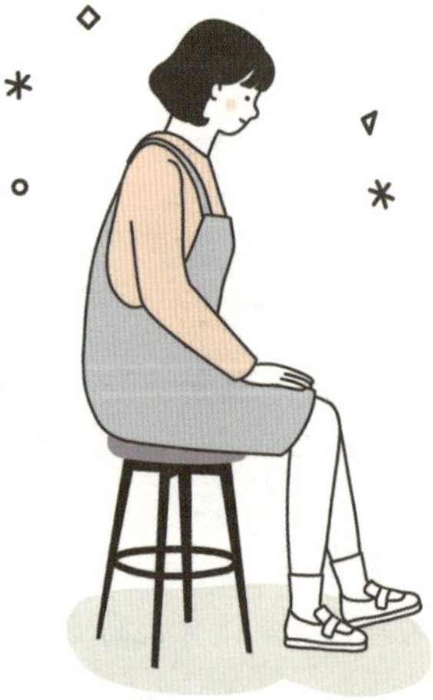

没人偷走过你的幸福。

不要为了不被讨厌，就变成老好人

小时候，我把“人前装笑脸，背后捅刀子”的人视为两面三刀。
于是，我不仅背地里骂，当着人家的面也会开骂。
（这并不是说我做得对。）
由于这样的缘故，我树敌无数。

即使是几乎没机会碰面或者不太认识我的人，
也有可能会讨厌我，这个事实也令我很不开心。
我很想成为一个好人。
我以为就算有人指责我或诽谤我，
只要我不对此抱有恶意也就可以了。
但是，和我的初衷相去甚远的是，我并没有成为一个好人，
而是变成了一个连自己想说的话都说不出来的人。

那么，我为什么还要做一个好人呢？
当然，我至今仍想成为一个好人——
对自己，对那些我珍视的人，对那些需要我帮助的人。

但是，当面对一个态度傲慢、随意指责我的人，
如果还想给他一个好脸色，
就等于丧失了为自己正当防卫的能力。
我是一个与对方平等的人，而非弱者。
即使有人讨厌我，
这样的事实也并不会毁了我的生活。
所以我们根本没必要为了不再被别人讨厌，
而努力去做一个老好人。

不伤害他人确实是一项重要的美德，
但保护自己既是我们的责任，也是我们的权利。

+

To my enemies,
I will destroy you.

你看我像“深井冰”吗?
你说对了。所以，给我小心点儿。

给我滚蛋！

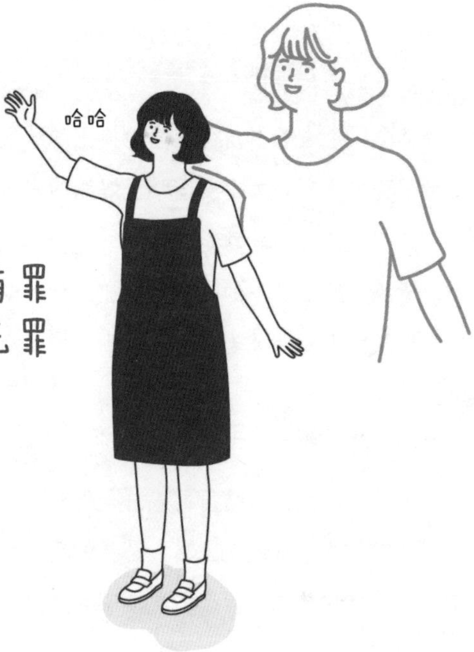

先下手有罪
正当防卫无罪

有些事，不必为它们感到羞愧

我妈妈在儿时得过一场热病，从此留下了口眼㖞斜的后遗症。
我小时候从未觉得妈妈的表情有什么异常，
直到小学三年级，有一次和妈妈一起去参加春游，
我们班一个女同学突然说我妈妈的表情看上去怪怪的。
那个年纪的我，是一个特别害羞的小女孩儿，
就连去游泳馆里玩水时，
我都会一个人躲在角落里偷偷换上游泳服。
可是，当我听到那个女同学说妈妈的表情很奇怪之后，
一点都没觉得不好意思。
对于妈妈脸上落下的热病后遗症，
我该从哪方面，又为什么要感到羞愧呢？

我的一位好朋友去了产后调理院做调理，
后来她告诉我，同病房的人总是七嘴八舌地问她丈夫的职业，
问他们是住别墅还是公寓，是买的还是租的……
所以她只和其中一两个人交换了联络方式。

即使已经不再是小学生了，但很多人依然不懂事，
这些无礼的人，只会用自己的标准去看待别人。
问题是，朋友听到这些话之后每次去产后调理院的时候，
不知出于什么原因，竟和这些人疏远起来。
这其实是一种恶性循环。
明明令人讨厌的是她们，可结果我的朋友反而畏缩不前，
并暗自设置起一道防线，把自己藏了起来。

我们究竟该为什么事情感到羞愧？
真正应该感到羞愧的又是谁呢？

难道就因为那些所谓“心直口快”的人并没有为自己的狭隘、
无礼、庸俗而羞愧，就该我们低头、羞愧吗？

哪怕不能向她们说出“闭上你们的嘴吧”，
也不要对那些没必要感到羞愧的事情
感到羞愧。

+

动不动认为别人可笑的人，
是最可笑的存在。

在《认识的哥哥》这档电视节目中，
一位女艺人指着歌手Jessi的胸部说："怎么？假的吧？"
Jessi立刻反问道："是真是假，关你什么事？"
是的，关你什么事？

不奢望与所有的人都能友好地相处

我一位朋友的邻居老奶奶去她家里串门，
临走时问道：“下次还可以来你家串门吗？”
我这位朋友心地善良，不善于拒绝别人，便随口说可以。
没想到，下一次竟来了她的一位传播奇怪宗教的孙女，
后来，这个孙女又带了一帮小伙伴一起找上门来。

无论在什么地方，总有一些人会为难善良的人。
所以，我们有时不得不让自己的友善及时刹车，
哪怕会让对方感到不快，我们也要适时地说出自己的要求，
甚至果断地、不近人情地回绝他们。
当然，这不是一件容易的事情，我也常为此感到苦恼。
我的老好人形象会破坏也没关系吗？
我的不便程度是否还在可容忍的范围之内？

但是，当你给别人留下一个老好人的印象时，
你自己就要为此承担很多的不便和损失，

那么还是当一个不近人情的人为好。
成为一个精于算计的人
和维护自己的正当权益完全是两回事。
何况，如果对方真是一个值得交往的好人，
那么他一定能够理解我们的要求和拒绝。
如果他对你的要求和拒绝感到受伤而冷嘲热讽，
那么你也没必要努力去维护这段关系。

我们不应该觊觎他人所拥有的权利，
但应该珍视自己所拥有的权利。

没有谁能和所有的人都友好相处。
所以在我们心中，
永远都要把自己排在第一位。

珍视我们的人，

从一开始就不会向我们提出过分的请求。

区别对待生活中的摩擦与决裂

当你刚刚换了一部新手机，
却发现它有瑕疵，当初的高兴劲儿就会立刻消失，
虽然手机在功能上没问题，但有一些摩擦造成的划痕。
同样，生活中的摩擦也是无法避免的，
与其因此而心情抑郁，
不如将其视为自己无法左右的事情。
如果把生活中的摩擦当成彻底的毁坏，
非要另买一部手机，那早晚要败尽家产吧。

这种生活中的摩擦，似乎也适用于各种形式的人际关系。
即使两个人的关系再好，也难免产生摩擦。
一次都没有红过脸，没有让对方失望过，这是很难做到的事情。
当然，如果友谊彻底破裂，还是去寻找新的关系为好。
在生活中，如果由于人与人之间在所难免的摩擦便自暴自弃，
那么就别指望还会拥有什么人际关系了。

染上“人际关系洁癖症”的结局只有孤独，
最终吃亏的还是自己。

所以，一旦发现人际关系出现了问题，要先认真分析。
分析这个问题是否是导致友谊或爱情
无法继续发挥“功能”的关键，
还要考虑到关系的程度，
决定是否该宽容地看待它。

+

不要只期待着Best friend，
而忘了Good friend的价值。

不是朋友变了，
而是我们都变得更加自我了。

尽最大努力维护当下的关系

从十几岁到二十几岁，再到步入三十几岁的生活中，
我的“好友名单”有过几次改动。
其中，有曾经一直占据着前几名，
如今却已经疏远，连联系方式都没有的朋友；
也有新结识的一些可以彼此分享很多东西的朋友。
认真回想以往的人际关系，
发现本以为会持续到永远的友情却提前落幕，
我为自己没能成功维持这段关系而自责和不安。
过去的我，怎么那么不成熟呢？
现在的我，又有了多大的改变呢？

但认真想想，就像对方也有自己的限度一样，
我也有自己的底线。
我们不可能完好地维持生活中所有的人际关系，
所以，比较脆弱的关系会被消磨殆尽。

这并不意味着我们做错了什么。
事实上，友情的终结
是在所有人的生活中都普遍存在的现象。
所以，对于那些已经远去的人际关系，不必过于自责，
也不必过于担心现阶段拥有的友情。
我们现在能做的，是对自己身边的人更好一点，
以此迎接适合现在的我的新朋友。

正如你需要某个人，
某个人也需要你；
不完美的我们，
就是这样彼此依靠地生活的。

如果由于孤独而和不真诚的人交往，
只会更加孤独和痛苦。

只要绿灯还没灭，就要勇往直前

我们总想去解读在意之人的内心世界，
去判断里面亮着的是“绿灯”还是“红灯”。
可是，根据个人性格或情况的不同，
“不联系对方”的行为也存在不同的原因：

1. 手指骨折。
2. 正处于不考虑别人感受的状态。
3. 面临重要的事情，忙于大量的准备工作。
4. 正等着对方主动联系自己。

这种情况是因人而异、因事而异的，
所以很难判定对方到底是哪种状态。
因此，哪怕是一位恋爱高手，
或塔罗牌高手，
也无法解读对方的真实想法。

即使这样，如果你仍想知道对方心中是否亮着“绿灯”，
正确的做法不是猜测“那个人会怎么看待我”，
而是多想想“我在如何看待那个人”。

对于这个问题，
如果你得出的答案是“我喜欢这个人”，
那么，这也是提示你
应该向他靠近的真正的“绿灯”。

+

对爱情抱着“有可能性才去做”的想法，
力求与他人保持安全的距离，
这样的胆小鬼是得不到“爱情”的。

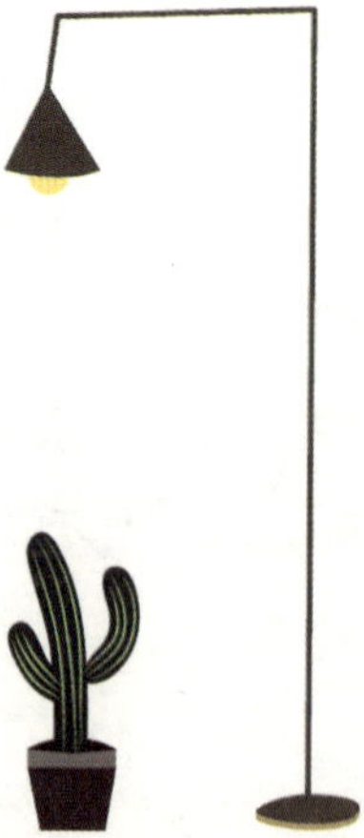

不管发生了什么，我们都要携手同行

以“孤独力”为主题的书籍一度成为畅销书。
人们为何会热衷于读这种书呢？
徐恩国博士在《幸福的起源》一书中提道：
人类的遗传基因就是生存指南。
这本书的内容给我留下了深刻的印象。他认为：
人类遗传基因中包含着我们的祖先有关生存的所有信息。
如果人的行为不符合生存法则，精神压力系统就会随之启动；
那么，这个行为就会受到遏制。（这是心理压力的原理。）
而当人的行为符合生存法则时，体内就会大量分泌多巴胺，
以鼓励继续行动下去。（这是幸福的原理。）
所以吃不到东西的时候，人就会感到某种心理压力，
而当吃到好吃的食物时，人便会感到幸福，
这都是遗传基因的生存策略。

那么，对于我们的祖先而言，
与生存息息相关的、最重要的事情是什么呢？

简而言之，便是食物与人际关系。
我们不妨上溯到人类始祖生活的那个时代。
对处于群居生活的祖先而言，
脱离群体便意味着死亡。
所以当人际关系出现裂痕时，人所受到的压迫感和心理压力，
究其本质，其实就是关乎存亡的危险信号。

对现代人来说，对食物的担忧已经不那么明显了，
而人际关系已成为他们最大的心理压力来源。
所以对那些因强烈的危险信号而感到疲惫的人来说，
解读个人的有用性和乐趣的书必然充满了吸引力。

其实，那本书说得没错。
不管是否有人讨厌我，
只要世界不会变成电视剧《行尸走肉》那样，
人生总能安然度过。
饥饿的时候，有银行卡；
危险的时候，有警察；
而发生意外的时候，有保险公司。
这就是新世界。
所以，即使现在很孤独，也依然能够生活下去。（万岁！）

这只是遗传基因的过敏反应，
即使被人讨厌，也不会导致我们死亡。
虽然这一点令人欣慰，但还存在着一个问题：
我们的遗传基因并没有按照新世界的秩序进行更新。
对人类而言，人际关系仍是生存的必要条件，
所以当人际关系出现裂痕时，就会受到巨大的心理压力。
也因如此，当建立起良好的人际关系时，
人们就会感受到无比的快乐。

虽说对新世界而言，这可能算是一个时代误差，
但不得不承认的是，在和别人分享的时候，我们才是最为幸福的。
这不属于文学范畴，这是进化心理学范畴。
一切出于本能，而非感性。

因此，不要因为独自一人也很开心，就选择独处，
不妨到人群中去寻找那个和你有着相同频率的人。
不必因为吃坏过一次肚子，就排斥所有的食物；
也不必因为曾经遇到过疯子，就断绝所有的人际关系。
最重要的是培养善于挑选食物的嗅觉，
培养识人的眼光，远离那些虚情假意的人。

找到一份无论遇到什么情况，

都能够理解你、尊重你的友情。

相信他不会嘲笑你的不足。

对于值得信任的人，你也应该成为值得他信任的朋友。

这既是人生最好的安定剂，

也是幸福这一抽象概念的唯一实体。

+

对于约会迟到的他来说，

需要的不是解释，而是道歉；

对于暗恋中的她来说，

需要的不是塔罗牌，而是表白的勇气；

对于孤独的他来说，

需要的不是忍受孤独的力量，而是真实的陪伴。

亲爱的朋友，

当生活艰涩，

意外接踵而至的瞬间，

对于那些难以说明，

抑或是不想说明的事情，

你并没有滔滔不绝地安慰。

感谢你，默默地支持我。

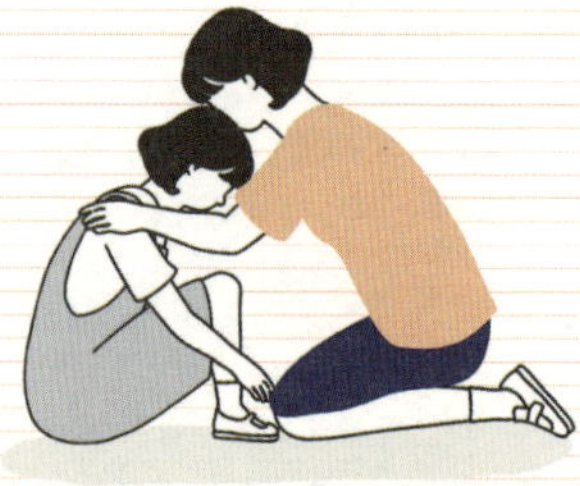

Part 5

为了让世界更美好的 To do list

回避政治的最大代价，

就是你将被最低劣的人支配。

——柏拉图

有一档电视节目曾播出一个有关土汤匙和金汤匙的故事，
这成了当时的热点话题，无论在哪都会听到相关的议论。
有一次，我们走进一家餐厅，
迎面看见吧台上方的牌子上写着这样一行字：
“汤匙并不重要，重要的是吃什么。”
也就是说，不要执迷于汤匙，而要关注自己想吃的食物。
当然这是一个精彩的比喻，也是一种善意。

然而，有关土汤匙和金汤匙的话题，
与真正的汤匙并没有什么关系，
实质是在影射世袭资本主义制度。
在过去，随着产业变动急剧扩张，人们很容易获得新的机会，
阶层之间的变动相对而言比较容易。
但是现在，阶层变动的能动性正在消失。

父母的财富或社会地位，决定了人们所获得的机会，

这种差别化的机会进而演变为个人收入、职业上的差距。
在资本继承的过程中，社会阶层逐渐固化。
所以，土汤匙和金汤匙本质上是指社会阶级固化的问题，
对此，若想找到解决方案，
我们就要非常严肃地先来剖析一下，
如何缓解资本继承和机会的不平等的现象，
当然，这些争论并不是为了抱怨，
而应当是为了让一切变得更好。

在此期间，我出了几本书，给予了自己一些激励和安慰。
不过，这些安慰是否太过个人化，
因而只能停留在问题的表面，
而没能让我们真正地触及问题本质？
我们正处于一个集体衰退阶段，哪怕被石头绊倒，都希望得到安慰。
在这样的社会里，
谁都不想去搬开那块石头，而只想成为一个旁观者。
当然，用一种讨巧的比喻，
或一种自嘲的态度去面对似乎更好一些。
我个人也认为，既然如此，还是别那么严肃深刻为好。
但有时，我们也需要沉重、复杂而又乏味的故事。

我们理应做好倾听这种故事的心理准备。

也只有企业活下来了。

别和自己过不去

在一档娱乐节目的采访现场观众的环节中，
一位少年对自己的妈妈说道：
“妈妈，等我长大了，给你买一辆奔驰。”
听了这话，妈妈一脸心满意足地望着儿子。
当然，孩子的孝心无可厚非。
但或许是我这个人有点奇怪，听了这种话，总觉得有些苦涩。
虽说有点冒犯，但在我看来，
这个孩子多半是无法兑现这个承诺的。
这倒不是说那个孩子的能力不足，
而是说，除特殊情况之外，他可能确实无法做到。

俗话说“剪断脐带那一刻也是连上资金链的那一刻”，
从孩子出生的那一刻起，父母就要支付很多抚养费，
为了让孩子在激烈的竞争中胜出，还要负担昂贵的教育费。

考上大学以后，要一次性缴纳数千万韩元的学费。
如果孩子要租房住，
每个月还要另外负担数十万韩元的房租和生活费。

虽说不同家境出身的学生之间存在一定的差别，
但是几乎所有的孩子在踏入社会之前，都欠下了父母巨额的债务。
所以孩子们常说，长大后要给父母买一辆奔驰车，
毕竟十多年来，孩子们几乎榨干了父母的血汗，
所以心理上不自觉会觉得起码得买辆奔驰车，
才能算偿还这份“恩情债”吧。

可问题在于，还清债务并不是件容易的事。
首先是就业艰难，年轻人步入社会的时间一再被推迟。
仅有5%的人能找到大企业的稳定工作
（即便这样仍然买不起奔驰车），
大多数情况下，就算是找到了工作，收入也很紧张。
要想靠这点工资结婚，再买上一套婚房，
就不得不从银行贷款，或者再次向父母伸手借钱。

此后，如果生了孩子，就得像自己的父母曾经做过的那样，
开始为孩子支付高昂的抚养费和教育费用。
新一轮循环一旦开始，给父母买奔驰车这件事就会变得遥遥无期。
尽管在这个过程中，我们并没有做错任何事情，
我们却要因为存在在这世上，因为过着平凡的生活，
背负巨大的经济债务和情感债务去生活。

真正的问题在于高额的子女抚养费、教育费和居住费用，
以及缺乏能够负担起这些费用的工作岗位，
而非我们单方面的错误。
在一个令人步入社会之前就已债台高筑
却无法提供偿还债务的方法的社会中，
人们会责怪自身的不足，也会被内疚和负债感折磨。

如果你也曾受到负罪感和负债感的折磨，
至少应该知道自己是如何成为一个负债者的。
虽然这不能免除债务，
但至少不要再责怪自己。

这一切不是我们的错。

该三个人干的工作，
由两个人来完成。

Everybody，unhappy！

不要回避自己的权利和义务

“最近真是好无聊。

以前好像对很多事情都挺感兴趣的，现在这是怎么了？”

对于正在苦恼的朋友，你会给出什么建议呢？

1. 培养自己的爱好。

2. 参加兴趣小组的活动。

3. 去旅行。

4. 接受心理咨询。

虽然提出这些建议也可以，但我还是考虑了一下朋友的处境。

最近，朋友不仅要经常加夜班，有时连周末也要加班。

再加上公司运营困难，

她从一名正式员工突然变成了非正式员工，前途变得渺茫。

所以，她对什么事情都提不起兴趣，

真正的原因在于超时工作和对失业的担忧。

一个处于身心俱疲、惶恐不安状态的人，
怎么可能趁着短暂的空闲，去做开心但是耗费精力的事情？
因此，任何安慰对她来说都是不适用的。

如果工作环境得不到改善，生活最起码的稳定性都得不到保障，
那么，随之而来的生存问题是任何安慰都化解不了的。

那么，除了安慰以外，我们真正需要的是什么呢？

在2004年实行每周五天工作制之前，
大多数韩国人每个周六也是要上班的。
韩国人之所以有“嗨皮星期五”这种说法，并不是由于个人的奋斗，
或个人的顽强意志，而是社会体系发生了变化。
虽然个人的努力和意志是必要的，
但也无法从根本上解决问题。

可我们仍然只专注于个人的生活。
带着“起码我自己要过得好”的强烈个人愿望，
把睡眠时间从七个小时缩减为六个小时，
本应填写三项特长的求职信，
也被我们自动升级，变成需要填写五项特长的文档。
如果说造成不幸的原因并不在于个人，
那么，人们也无法通过自我剥削式的努力来改变不幸。

为了解决个人的问题，
我们要先认识到这些社会问题，
并努力使其向更好的方向发展。
当然，我不认为所有人都跑到大街上设置路障、
乱丢燃烧瓶是正确的解决方案，
也不希望大家沉迷于“非黑即白论”，从而轻视个人的努力。

然而，生活中自有我们该做的事情。
我们虽然无法解决胡同商圈崩溃的问题，
但至少可以选择去农贸市场买东西，而不是去大型百货商店；
我们虽然无法解决工人问题，
但至少可以去声援参加罢工的人们；

我们虽然无法纠正偏激的舆论，
但至少可以去支持其他的媒体；
虽然腐败的政治不会在一夜之间发生改变，
但我们可以给真诚的人投上一票；
虽然无法推翻这个世俗的世界，
但至少可以用温暖的目光看待平凡的彼此……
在日常生活的范围内，我们能做的事情还有很多很多。

海水不会腐烂，是因为其中包含着3%的盐分。
如果这个世界有什么地方已开始变得糟糕，
说不定正是因为缺少了我们都应各自付出的那3%的努力。
所以，我们都要尽自己的一分力量。

社会唯一的救世主，是每一个不回避现实的个人。

+

我们是在各种错误和失败中学习、成长的。
所以，没必要过于绝望。
我们拥有最后的堡垒：成为一个成熟的公民。

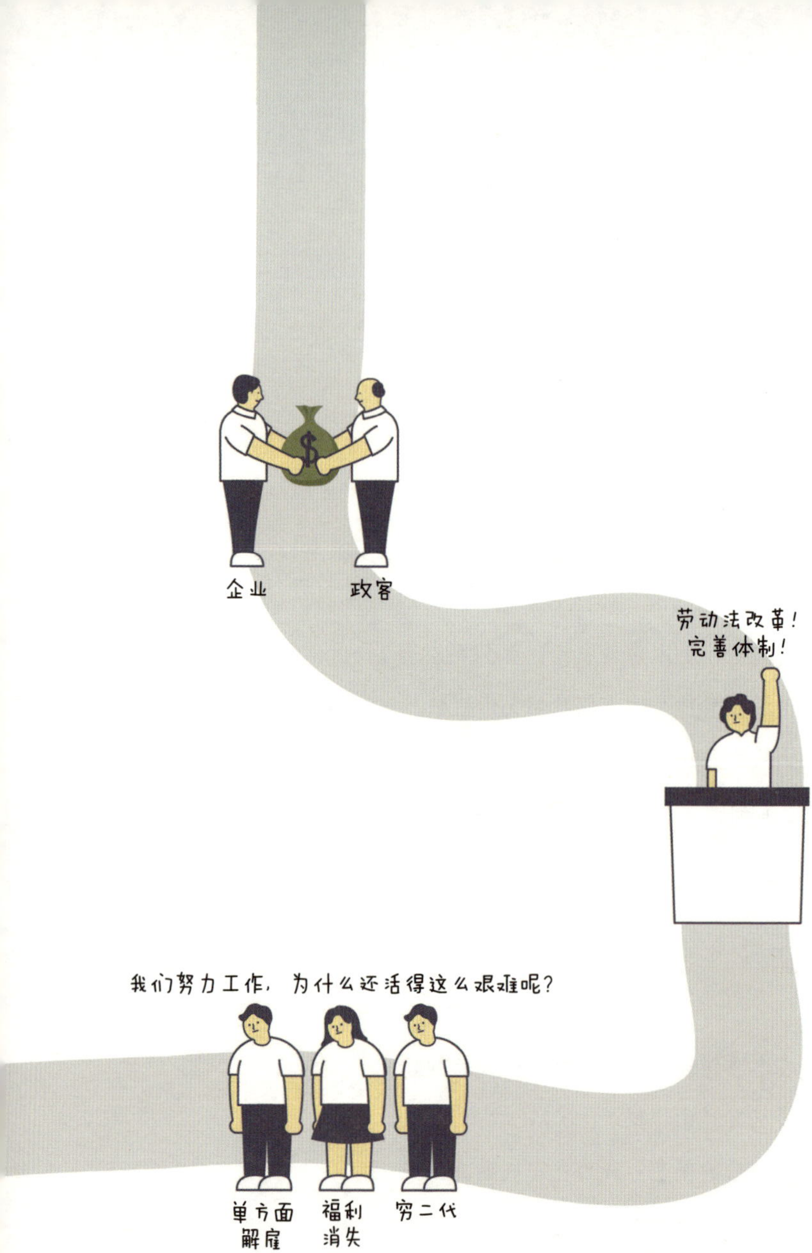

新下渗效应：

有人在上游拉屎，污染下游水源。

如有必要，请坚持到底

我有一个朋友是在毕业后就职的第一家公司里认识的同事。
她是一个工作努力、诚实又亲切的人，
但无法忍受上司或公司老板把她当成消耗品一样对待。
大多数人遇到这样的事情，都能适当地隐忍，
但她却直接递交辞职信。
当然，因为她的工作能力很强，公司每次都会予以挽留。

有一次，公司老板不大情愿地发给了她20万韩元的奖励，
见她态度不好，便吓唬她说：“这钱你还想不想要了？”
这话我听着都觉得丢人，瞧不起人呢！
可我还是劝那位朋友：老板再怎么折腾，也不要辞职。
这样劝说朋友的我，又是个什么样的人呢？

以前在公司上班的时候，我的上司有一天跟我比画了一个数字，
说：“应聘设计师的人来了很多，要小心了。”
其实他当时是夸大其词，真正来应聘的人根本没那么多。

他的言外之意是：

“你随时都有可能被替换，你自己看着办吧。”

于是我便对他说：“那我辞职吧，您另找人好了。”

当然，我当时比现在年轻，

而且业务能力也算过硬，才有底气说出这句话。

但由此看来，其实我和那位朋友是同一类人。

尽管如此，我还是劝她以后别再任性。

辞职这件事，应该在她自己觉得必要的时候才要做。

诚然，拿饭碗来威胁你，

逼迫你更努力地工作之外还要卑躬屈膝的上司简直卑劣至极，

但也没必要为了这样的人改变自己人生的方向。

如果因为这种原因辞职，就等于提高了他在自己的人生中的影响力。

他真有这么了不起吗？

当然，我们没必要原谅这样的人，更没必要笑脸相迎。

尽管是这样的环境，

但只要你还对此处有需求，那就还是要坚忍到底。

为了钱而工作，天经地义，并不可耻。

坚忍到底既不可耻，也不可悲。

因为你的生活比那些人更重要。

要以公司主人公的心态工作啊。
（但别忘了主人可是我。）
我不强迫加班。
（但是明天早上要给我报告。）
以后都会得到补偿的。
（但不是在我们公司里哟。）
我会努力工作的！
（但我会马上辞职滴。）

摆脱焦虑

亚洲大学社会学系的卢明宇教授曾经说过：
社会看似在以惊人的速度变化，
但事实上，它的变化速度“非常缓慢”。
这好比一个极度肥胖的女人即使通过三个月的地狱式减肥，
让自己达到了标准体重，但如果不严格控制，
就会恢复到原来的体重。

无论是减肥，还是个人生活问题，抑或是社会问题，
都不可能在一瞬间发生革命性的变化。而变化也不是永恒的。
正如为了阻止减肥复胖的现象，唯一的办法便是严格地管理，
即使有时后退、有时原地踏步的情况令人焦急，
我们也要持续地付出努力，才能改变现状。
世间所有的事情无不如此。

变化和变革最需要的力量是不知疲倦。

被烫伤后，
不留下疤痕的方法。

没有其他方法。

治疗伤口的最好方法，
就是每天坚持不懈地努力好转。

学会正确的争论方法

我和姐姐关系还算和睦，
尽管如此，我们偶尔也会因为一些琐事发生争吵。
在一起生活的二十多年里，
我们学会了一种既能释放彼此的情绪又能达成和解的方法。
可是，我们的父母讨厌争执，总是扮演仲裁者的角色，
强行封锁矛盾，对此，我感到很无奈。
即使沉默是压迫造成的，
即使感情的郁结积少成多、得不到梳理，
但只要表面看似宁静，便是父母那一代人所追求的和平。

我们的社会常把意见冲突视为争吵，并对此深恶痛绝，
要求人们顺从和服从。
所以，个性鲜明的人为了不被视为异类，就要磨掉自己的棱角；
哪怕是性格温和的人，为了自保，也要装聋作哑；
而儿媳妇在嫁入婆家的头三年，
不得不做个聋哑人或盲人（不多看、不多听、不争辩）。

结果，“心火大”甚至成为一种仅存于韩国社会的“韩国病”。
在通过压抑感情而获得的和谐的假象下，
每个人都得了病，人际关系持续恶化。

正如弗洛伊德所说的“压迫会诱发精神病”，
通过压迫达到和谐的社会也不可能是一个健康的社会。
问题并不在于争论本身，而在没能正确地进行争论，
以致于找不到解决问题的方法和合理的妥协之处。

前不久，一辆旅游大巴的司机因疲劳驾驶引发了一场交通事故，
这场事故导致四名旅客丧生。
对此，很多人都谴责这位司机，
有些人甚至认为这个司机简直是一个杀人恶魔。

他真是一个杀人恶魔吗？

大巴司机为了挣到每个月200多万韩元的工资，
平均每天要驾驶16个小时，只能睡3到4个小时的觉。
由于雇用单位不提供食宿，
有些司机不得不睡在大巴车的行李舱里。
事实上，那位肇事司机在事发前一晚，也是睡在行李舱里的。
显然，因为工作条件恶劣而无法正常睡觉的他们，
甚至经常要加班的他们，如今出现了疲劳驾驶的情况，
由此造成的交通事故，
我们怎么能只追究个人的责任呢？

在一个不愿意为安全付出代价的社会里，
我们应该像担心自己成为受害者一样，
担心自己可能会成为加害者。
问题的关键在于我们社会体系的落后性，
总是依赖个人的责任感和道德去解决社会问题。
尽管如此，我们并没有对问题进行系统的争论，
而是停留在片面地谴责个人的层面上。
抑或偷换概念，偏离问题的本质，
为了独善其身而去争论进步还是保守，
把精力花在攻击彼此上。
通过这样的争论，我们是不可能找到解决问题的方法的。

如果你希望自己生活的这个地方变得更好，
就要摆脱独善其身的自私态度，
摆脱对争论无条件批判的做法，
学习为找到解决方案而争论的方法。

我们需要的不是指责，而是对策；
不是侮辱，而是说服。

我们这个社会的问题，
不在于人们总是争论不休，
而在于自始至终没能正确地争论。

那些只知道强调上下级关系，
而对人与人之间应有的社交礼仪视而不见的家伙，
就是所谓的“老东西”。

创造希望的基础

如今，人们越发地羞于谈及“希望”，

因为紧随在“希望”后面的，是“折磨”。

那么，希望真的是折磨吗？

这个例子有些老旧，但或许是一个很好的回答。

在越南战争期间，曾有大批美军被越军活捉，成了俘虏。

其中，有很多士兵因无法忍受长期的战俘生活而死去。

根据斯托克代尔将军的证词，

最先死去的战俘都是一些乐观主义者，

他们原本相信在圣诞节之前，自己就会离开这个地方；

圣诞节过后，他们盼望着到了复活节就能离开；

复活节过后，他们又盼望着到了感恩节就能获得自由了；

结果，当再次迎来圣诞节的时候，情况还是没有发生改变。

于是，他们在反复的失望中死掉了。

如此说来，导致他们死亡的，是心中的希望吗？

对此，我并不赞同。

因为他们抱有的不是希望，而是毫无根据的乐观，
这无异于在逃避现实。
有段时间，韩国社会一度充满了乐观主义者。
他们预测，经济很快就会好转；
自以为读了“成功学”的书籍，便掌握了成功的秘密，
因而坚信成功触手可及。
然而，现实却如冰天雪地般严酷。
我们儿时的真理“只要努力就会有收获”
被重新定义为“努力了也许会有收获”，
于是，膨胀的期待最终换来的是巨大的失望。

那么，不抱任何期待地成为一个悲观主义者，是不是更好呢？
当然，这也不是正解。
因为紧随乐观主义者之后死去的俘虏，正是那些悲观主义者。
那么，我们究竟该怎么做呢？

作为幸存者，斯托克代尔将军能够直面现实，并竭尽所能。
为了减少部下的孤立感，他建立起了
只有自己人才能进行沟通的内部通信体系，
最终，意志坚强的斯托克代尔将军安全度过了七年半的战俘生涯。

如今，谈论希望这件事仿佛成了一种折磨。
没错，脱离现实的希望不过是一种精神鸦片而已。
然而，没有了希望，我们还能生活下去吗？
所以，无论何时，都请将希望寄托在现实的基础上。

正如我们不能一边每日四餐却希望瘦成闪电，
想对未来抱有希望，就应该寻找适当的方法。
如果你对方法做了充分的准备，就要接受它带来的磨炼。

你需要做的，
不是盲目地抱着希望，或让自己陷入束手无策的绝望，
而是去创造希望的基础。

尽人事而听天命，
然后叩门，这样命运之门便将打开。
有志者事竟成。
上帝只帮助那些善于自救的人。
不入虎穴，焉得虎子？

希望本来就有附加条件。

向世界释放你的善意

我常常会帮助陌生人。

遇到要去参加葬礼的老年夫妇，

我会把公交换乘站和下车站的站名，

以及葬礼场所的电话号码都给他们写在字条上。

如果看到某个女人身后跟着一个形迹可疑的人，

我就会叫住这个女人，告诉她走另一条路。

我变成一个爱管闲事的人，是因为对一次背包旅行记忆深刻。

当时，我的手机坏掉了，在语言不通的陌生环境里，

之所以能够顺利完成那次旅行，

多亏了来自陌生人的大大小小的帮助。

在韩国，我不算是一个弱者——能找到正确的道路，

有着健康的体魄，当然韩语也说得很流畅。

所以我从未意识到，

在成为弱者的那一刻，是那么真切地需要他人的帮助。

而每当此时，总会有人心甘情愿地给予帮助。

妈妈总是担心我
因为帮了那些陌生人，反而让自己受到伤害。
于是，我对妈妈说：等您上了年纪的时候，
就会有像我这样的人来帮助您了。

如果在需要帮助的时刻，却得不到任何人的帮助，
心灵之门就会渐渐关闭，也不愿再向他人伸出援手。
我可不希望生活在一个彼此不互相伤害
但也不互相帮助的世界里。

在人生道路上，我所需要的是谨慎和审慎，
而不是对他人的不信任。
我依然相信大多数人的善意。

我想带给别人这种信念，
这个世界是值得给予善意的。
当我也抱着这种信念，
在遇到困难的时候，一定会有人伸出援助之手。

请回头

把收到的善意

传递给其他人。

让自己成为一个无法用金钱定义的人

哲学家伊壁鸠鲁认为，人类获得幸福所需的三要素是：
友情、思想和自由。
自由，就是可以按照自己的意志生活。
小时候，“自由”这个词看上去自然而又轻松，
但随着年龄的增长，我们越来越切实地体会到，
一定程度的自由是通过金钱来实现的。
为了支付账单，为了给好朋友的婚礼送上贺礼，
为了衣食住行，我们每天都要早起去工作、赚钱，
并为此付出我们的自由。
反过来说，为了避免自己失去自由，
每个人都需要金钱。

所以，我们要竭尽全力巩固自己的社会地位，
证明自己的实力，并以此要求相应的报酬。
金钱是生存所需的重要手段，因而绝对不能被忽视。

但是无论金钱有多么重要，

也不该超越其作为生活手段的价值，成为一个人的评判标准。

金钱不能衡量一个人的高低，

也不能决定人生的成败。

我们必须建立起自己的生活标准和人生哲学，

成为无法用金钱和名片定义的真实的自己。

在回答“如何赚钱”这个问题之前，

首先需要回答“什么是正确的”。

拥有多少资产，并不能证明你是什么样的人。

一个人真正的魅力，一定来自他内心的坦然。

+

有些人因为横行霸道而引起了全体国民的公愤，

这样的人，真的幸福吗？

在所有物质成瘾症中，
金钱成瘾症是最普遍的。
——心理医生　约翰·布拉德肖

不参与“饥饿游戏”

前不久，一位好莱坞男演员和奶奶的婚外恋丑闻被媒体曝光，
大多数网民都不相信这会是事实。
这并非出于对这个男演员的信任和拥戴，
而是在网民们看来，这样的人怎么可能和自己的奶奶搞外遇？
我们总是呼吁人人平等，对无理取闹和歧视感到愤慨。
但实际上，这只是在表达自己不希望被藐视，
而非自己不会藐视他人。

其实，在很多事情上，我们自己都做不到一视同仁。
有一次，在浏览社会新闻时，我看到了下面的回帖。
内容是：要想解决青年失业率高的问题，
首要的对策就是淘汰地方大学。
我惊诧于不假思索地甩出这种话的喷子，
但更令人惊诧的是，他的意见竟然得到了一众的赞同，
成了最佳回帖。

那一瞬间，我想起了电影《饥饿游戏》。
《饥饿游戏》是一部科幻电影，
讲述了发生于虚拟世界“施惠国”里的故事。
“饥饿游戏”的规则是，
在管辖区下的十二个区内各选出两名选手参加，
不仅要和野兽搏杀，而且必须杀死其他选手，直到最后一人胜出。
统治阶层为了让选手产生恐惧心理，
举办了这场饥饿游戏，并决定实况转播。

这种游戏，通过赋予一名获胜者财富和荣誉的方式，
将杀死其他二十三个人的行为正当化。
游戏开始时，力量强大的队伍就会联合起来，
首先除掉那些弱者。
这样联合起来除掉弱势群体，
他们就能暂时保障自己的安全。
但是，这场比赛最后的胜利者只有一个人，
因此，就像我会除掉比我弱的人一样，比我强的人也会除掉我。
可以说，这部电影是对胜者独食竞争和新自由主义的隐喻。

正如电影中那样，为了生存而被迫参与竞争的人，
通过排除比自己弱的对手而获得短暂的安全感。

但是，如果不停止这种让人为了生存
就必须排除他人的荒唐的游戏，
那么，谁也保障不了自己的安全。

有人说，只要改变政治，世界就会变得更美好。
当然，优秀的政治家和恢复社会的透明度和公平至关重要。
但要做到这一点，我们必须对游戏规则进行反思，
并结成配套的、互不排斥的联动机制。

我们的安全感并非通过互相排斥来获得，
而是在成为彼此后盾的时候，才会产生。
所以，停止隐形歧视，暂停这场排他性竞争吧。

只要不停止这场残忍的游戏，
下一个上场的，将是我们自己。

你对什么事情更
感到羞耻呢？

羞于藐视他人、侮辱他人。 VS 羞于自己没有一款名牌包。

做一个彷徨的成年人

在电影《死亡诗社》中，有一个名叫尼尔的人物，
尼尔从小就被严厉的父亲要求：长大后要成为一名医生。
一个偶然的机会，尼尔出演了莎士比亚的戏剧《仲夏夜之梦》，
他发挥着自己的天赋和才能，沉浸在前所未有的幸福之中。
然而，他的父亲发现后命令他立刻停止戏剧表演，
并扬言要让他转学。
渴望继续表演的尼尔本打算反抗，
可当他看到母亲的身影后，放弃了反抗，闭口不言，
因为母亲的样子看上去是那么的悲伤、可怜。
尼尔的脸上浮现出无助和绝望的神色，
当天晚上，尼尔用父亲的枪结束了自己的生命。
无法继续忍受既定的生活，而自己追求的生活又遥不可及，
这时，人就会陷入绝望。

韩国精神科医生金贤哲医师曾指出匈牙利、
日本以及韩国社会的共同点，即“不允许彷徨”。

而这三个国家还有另一个共同点，
那就是，自杀率很高。

在韩国，彷徨既是摧毁人生的捷径，也近乎一种禁忌。
要不然，也不至于出现“彷徨的青少年”这个专用语。
从考大学、就业、结婚、生育到买房等一系列人生事项，
都必须在“适龄期”按时完成，
为此，即使是片刻的彷徨都不被容忍。
如果做不到这一点，
就难免会引起父母的失望、被定义为失败者的歧视，
随之会产生被社会孤立的恐惧。

结果是，韩国拥有了两个指标：
自杀率最高和生育率最低。
这两个指标共同说明了，如今很多韩国人
已经放弃了人类最基本的本能——生存与繁殖。
也就是说，很多韩国人认为，这个国家已经不适合生存了。
一个人是否能完美地完成任务
是这个社会评价他的唯一标准，
如果在这个过程中出现了短暂的停滞不前，
个人就会感到焦虑和窒息。

有人认为，我们有过比现在更困难的历史时期，
世界上也还有很多比我们落后的国家，
所以，整天喊着活得很痛苦的人太过矫情。
但是，让我们变得敏感、身心疲惫的，
不是经济指标上的绝对贫困，而是社会矛盾；
让我们陷入不幸的焦虑并非来自贫穷，
而是源于一个人在社会中得不到尊重的悲惨和孤立感。

所以，人们常常把这里称为“地狱般的韩国”，
因为大家都像生活在地狱里那样痛苦。
我们真的无法得到幸福吗？

在很多人看来，国民幸福度很高的北欧国家是理想的国家。
而在列奥·伯曼看来，北欧国家的高幸福度，
不是高收入或福利制度完善的结果，
而是因为那里充满了自由、对他人的信任，
以及对各种才能和个人兴趣的尊重。

而我们现在正身处一个与之相反的地方，
剥夺自由、强迫人们统一生活方式、不信任他人……

如果一个人相信自己无论选择什么样的生活方式，
都能得到他人的尊重，
我们该有多么自由？

变得幸福，为此我们最迫切需要的社会福祉，
便是可以尽情彷徨的自由
和面对彷徨的彼此能够抱有更包容的态度。

这不是教科书式的标准答案，
但也许是最能触及问题本质的解决方法。

对彼此的宽容和尊重，
将使我们摆脱这种痛苦。

我们，别再继续痛苦了。

我要走我的路.

Part 6

为了让人生
变得美好而有意义的
To do list

幸福来自能够深刻地感受，

能够单纯、自由地思考，

能够挑战人生，

能够被别人需要的生活的能力。

——斯托姆·詹姆斯

○不要把幸福当作生活的目的

如果追根溯源，这个问题应该始于亚里士多德。
自从亚里士多德把人生的目标定为幸福以后，
人们便开始相信，幸福这一感情的乌托邦就是生活的目的。

然而，人类并非一种为了幸福而诞生的浪漫的存在。
人类的原始情感包括喜悦、愤怒、厌恶、恐惧、悲伤、惊讶六种。
如果说人类是为了获得幸福而来到这个星球上，
就不可能只安排喜悦这一个插件配置给你。
认为生活的目的就是幸福，这种想法本身就是一个巨大的错误。

当人们把生活的目的定为幸福，
向往世界上存在着完美无缺的幸福人生，
那么不幸福的人们就会觉得自己成了失败者。
所以，人们努力地掩饰自己的沮丧，
想尽一切办法去压抑自己的悲伤。

但人生中有沮丧和悲伤，难道不是一件很自然的事情吗？
据说，为了确保宫殿的完美，凡尔赛宫在当初就没有设置厕所，
但无法否认的是，在那里生活的人只能到某个角落去方便，
有时也难免会踩到别人的屎。

所以，偶尔感到沮丧和悲伤也没关系，
如果没有这样的时刻，我们又怎么能知道幸福是什么呢？
当然，我们要为了获得幸福而努力，
我也会祝愿你得到幸福。
但是，无论问多少次，生活的目的
始终都只是生活本身。

+

十件事里有六七件是幸福的，那你就是一个幸福的人。
但如果要求十件事都是幸福的，那你就是有强迫症。

极力向某人证明自己很幸福，
是最不幸的生活方式。

轻装上阵

我的第一次旅行是为期一个月的背包旅行。
对独自旅行心怀忐忑的我，把所有能想到的东西都塞进了包里，
光是书就装了三本，还带上了两个卷发棒。
打包行李的时候，我肯定是疯了。
在旅行期间，我不得不背着两个大包四处行走，
到了离旅行结束还剩一周的时候，我已经完全累垮了。
我厌倦了这一切，
厌倦了背着沉重的行李走来走去的我自己。
坐在机场的椅子上，准备前往下一个旅行目的地时，
我打开了背包，只留下必需的物品，
然后把其余一半的行李都扔进了垃圾桶。
虽然我也曾担心，就这样扔掉一半的行李
会不会太鲁莽?
但是，我旅行的步伐确实变得轻快多了。

在旅行中，我认识了一位朋友，他在外旅行已经一年半多了。
而他所带的行李，只有一个背包。
他只带了一点儿的必需品，
如果还需要什么东西，就随时购买。
比如，身上的衣服旧了，
那就到当地的市场上买一件。
他对我说：“这本身就是旅行的乐趣所在。”
当我们对生活感到不安时，就会为自己准备过多的行李。
但事实上，我们并不需要那么多；
何况我们也可以在需要的时候再去补给。
承受一定程度的不便，说不定反而更为有利。

人生就像一场漫长的旅行。要尽量轻松地生活，才不会感到疲惫。
所以，如果你想过得更轻松一点，
就应该重新审视那些因为不安而无法放弃的东西，
鼓起勇气扔掉它们。

旅途中一次都没派上用场的东西，
为还没有发生的事情而忧心忡忡，
让生活变得沉重的不必要的欲望，
自己没有做错什么却自惭形秽，
令人疲惫不堪的人际关系……

对这一切下最后通牒吧。
放弃了这些，我们才能够拥抱自由。

+

如果你想自由地生活，
就请远离那些不必要的事物。
——托尔斯泰

请把不必要的东西扔进分类垃圾桶里。

滚吧，我不再需要的东西！

拓展人生的可能性

在电影《老男孩》中，
吴大修被关在单间牢房里过了十五年啃冷馒头的日子。
那么，李有真为什么要这么对他呢？
他明明可以派给大修为娃娃贴眼珠的活计，
或者偶尔给他吃个水饺。
记得曾经有人说过这样的话，
即使仓鼠在装有转轮的笼子里活了很长时间，
但如果每天都生活在相同的程式和相同的风景中，
它还能够感受到时间的流逝吗？
由同一种模式和同一个风景压缩而成的过去，
也许就像一瞬间。
所以，李有真把吴大修囚禁在没有任何变化的单间牢房里，
也许就是想夺走他这十五年的时间。

韩国诗人皮千得曾在其作品《长寿》中这样写道：

“像机器一样日复一日过着相同生活的人，

即使活了八十岁，也还是短命的人。”

每天生活在相同的模式中，

无异于压缩了生活无限的可能性和多样性，

也等于失去了自己的生活。

所以到了周末，不妨去看看大海；

在下班回家时，不妨选择另一条回家的路，遇见新的面孔；

也不妨去做一些至今都没有尝试过的事情，

摆脱那些对自己的固有观念，

成为一个给自己惊喜的人。

长寿的方法，

不是把手掌上的“生命线”一直延长到手腕上，

而是多去面对新的风景。

每个人都在全速奔跑，
所以我有时候会感觉自己落后了。

不要变成一个情感贫瘠的人

上次去澳大利亚拜访好友时，我曾去过那里的一家动物园。
正当我对规模庞大和人工设施最少化的动物园赞叹不已的时候，
一群仿佛从品牌海报里走出来的年轻男孩儿从我身边走过。
对我们大部分人来说，
动物园基本上就是带着孩子玩耍的家庭活动区，
但在这里，有趣的是，
观赏自然中的动物也成为青年人们的一大乐事。
和一个当地人闲聊时，他告诉我，
他最喜欢的活动是Bird watching，
即观鸟活动。

我那位朋友也告诉我，有一位十几岁的澳洲朋友曾对她谈起
自己对与家人一起过圣诞节充满了期待，
顺便跟她炫耀了圣诞节时，
奶奶家的晚餐桌上会摆满多少好吃的东西，
会有多少家人聚在一起，共同度过愉快的时光。

虽然不能以一概全，
但在我看来，澳大利亚人的生活乐趣，似乎源于自然和家庭。
而对于我们这些通过家族纽带维系在一起的韩国人来说，
节日是一种义务，
圣诞节要是待在家里，就会变成凄苦的一天。

丹尼尔·图德曾写过一本描写韩国的书——
《一个创造奇迹的国家，也是一个失去快乐的国家》，
正如书名所示，我们创造了奇迹，
却也丧失了感受那些琐碎的快乐和幸福的能力。
所以我们并不认为去动物园、观赏树上的鸟儿，
以及与家人共进晚餐的事情是生活的乐趣。

工作中必须控制个人的感情，这是韩国的现实。
在激烈的社会竞争中，我们的感情逐步干涸，
于是，快乐被定义为了熬过艰苦日常之后的补偿和刺激。
这就像情感贫瘠的心理变态者在追求极度的快乐一样。
那些情感贫瘠的人感受不到细微的快乐，
因此越来越想找到更具刺激性的快乐。
然而，刺激性的快乐一旦结束，回归日常，
一切只能更加无聊和空虚，生命也失去了活力。

如果你想要感受鲜活的人生，
就应该对发生在身边的琐碎的幸福保持敏感，
并在生活中主动寻找快乐。

我们需要重新定义“快乐”，
要学会不用花多少钱也能得到快乐的游戏和方法。
这不是将就或者寒酸，
而是会让你随时都能变得幸福的魔法。

不是为了提交工作报告，
也不是为了在比赛中获奖，
而是为了我们自己的幸福生活，
发挥自己的创造力和想象力。

自己的幸福，自己负责

我父母在年纪很大的时候才生下了弟弟，
从某种意义上讲，弟弟就像是父母手上没完成的作业。
妈妈总是说，看到弟弟踏上社会、找到自己的位置、
生活美满，自己的日子才会变得幸福起来。
就算全天下的父母都抱着这样的心情，
我还是会为我的妈妈感到难过。
我希望妈妈能幸福，
可为了让妈妈幸福起来，先要确保弟弟的幸福。
这意味着妈妈的幸福不在她自己的控制范围之内。
这就像是把自己幸福的决定权放在门外，
一味地等待别人来按响门铃。

这样的结果是，父母因为担心子女生活不幸福而感到忧虑，
而子女又担心父母生活不幸福而感到内疚。
最终，大家都在担心对方，谁也无法幸福起来。
到底是哪里出了问题呢？

人们总是对自己所爱的人说："我会让你幸福的。"
但除非你是一个感情的守护神，
否则你就无法像永动机一样一直带给别人幸福。
反过来说，别人也无法一直带给我们幸福。
事实上，他人的幸福不是我们能左右的事情。
幸福是每个人都应对自己负起的责任，
所以千万不要放弃自己的幸福。

爱是能够分享的，幸福却是各自的责任，
尽最大努力，为自己的幸福负责。
好自为之。

我努力地生活着，
也努力不去打扰别人的幸福；
我顺利地完成了艰巨的工作，
堂堂正正地活着。

我有资格活得幸福。
我们有资格活得幸福。

认真思考你得到了什么

我认识的一个人从大学开始，就为了以后能从事金融业
而做了很多准备，比如考取各种与金融业相关的资格证。
最终，他毕业后就职于一家证券公司，得到了很高的年薪。
可一年后，他突然辞掉了证券公司的工作，
理由是，他觉得这份工作没什么意思。
难道他是一个重视生活乐趣的人吗？
难道他以前认为在证券公司工作很有趣吗？
对他而言，“有趣”是指什么呢？

问题的本质在于，他在价值取舍上没能做出正确的判断。
这个世界上不可能存在一个
需要我、又有趣、上司通情达理、工资和年终奖丰厚、
前途无限的完美职场。

在大部分选择中，都会附加限定的预算和有限的选项。
我们的生活无法像曼苏尔在E-mart超市里购物那样随心所欲，
所以在选择的过程中，比“得到什么”更重要的是
“放弃什么”。

在日渐缩水的工资和忍受奇葩上司之间，
在职场瓶颈和不能陪伴孩子共度时光的遗憾之间，
在抛弃自己想做的事情和没有固定收入的生活之间，
你要认真思考哪一点更让你无法忍受，
认真思考究竟可以承受到何种程度，并给出自己的答案。

如果总想着那些吃亏的事情，就会每时每刻都活在懊悔当中。
你说你无法承受生命之重，
世人也只会说你撒娇卖乖。

因为是自己的选择，
所以即使感到不安，
也不会产生不满。

告别过去

我小学二年级的班主任特别喜欢班里的几个孩子，
上课时，总是只提问那几个孩子，总是表扬他们。

当时的我觉得自己就像“坐在主角旁边的临时演员”。
现在想来，就连年幼的我都有那种感受，
想必老师的确是十分偏爱那几个同学。

可后来我才听说，那位老师是出了名的爱收红包。
有一次，老师让我妈去学校，
结果见我妈空着手就去见她了，就当面斥责了我妈。
由此可见，老师偏爱那几个学生，也是另有原因的。
但那时的我并不知道大人也会做错事情。
我只是想着“我不是主角啊”，
而这样的想法，在我的心里逗留了很久。

这个世界上有很多疯子，也不乏令人讨厌的人。
这些人在我们还年幼的时候，伤害了我们的心灵，
有些伤害至今还未痊愈，仍在隐隐作痛。
因此，很多人都试图用过去的伤害去解释当下的问题。
我缺乏自信，是因为班主任老师的区别对待；
我自尊心脆弱，是因为父母的养育方式不恰当；
我总是被自卑感折磨，是因为小时候伙伴们都欺负我。

也对。
然而，通过分析过去的经历来诊断现在的心理问题，
并不是为了停留在过去，或者得到什么迟来的补偿，
也不是为了沉浸在对自己的怜悯中，成为一个悲情公主，
而是为了告别过去，走向未来。

这世上有很多可悲的、笨拙的、不成熟的人，
而我们却不幸地遇到了他们。
然而，在回顾过去、重新思考之后，我发现的真相是，
那位老师只不过是一个可悲的人，
我的父母也不是从一开始就为了成为父母才来到世上的，
他们只是一对笨拙的成年人而已。
还有那些曾经欺负过我的孩子，也只是年纪小不懂事而已。

而那时的我也没能悟出这样的道理，
因为我也还只是一个孩子，

但现在，我们已经不再是无能为力的小孩子了，
我们有能力独自向前。

如果不想再被过去牵着鼻子走，
就应该告别过去那个软弱的自我，
告别不成熟的一切。

现在没事了。

给人生留下余地和犯傻的机会

在印刷画报的时候，
实际印刷尺寸会比成品尺寸大一点点，
因为在裁切过程中有可能发生误差，所以要提前留出余地。
这既是人们对误差和失误的包容，
也是为了保证成品符合要求的秘诀。

生活也是如此。
没有谁的人生能够完全按照计划进行。
我们会在一些不必要的事情上投入大量的精力；
为了弥补一瞬间犯下的错误而耗费很长的时间；
即使精打细算，仍会有预想不到的费用。
人生不可能总是按计划进行，也不会一直保持高效率运转。
所以，与其自责或后悔，
不如针对可能发生的失误和误差，以及犯傻的概率，
提前给自己留下一定的余地。

不妨这样告诉自己：

这种程度的傻事，也是生活中可能发生的事情；

这种程度的无用功，说不定也是人生所需的过程；

生活不可能总有那么高的效率。

毕竟这辈子大家都是第一次活，难免会出现笨手笨脚的情况。

这种对误差和失误的宽容，

会让我们变得更加从容和自由。

用健康长寿
去弥补浪费的时间吧。

至少自己要理解自己

我曾见过一位职业顾问。
在前来向他咨询的人当中，也不乏所谓“天才”的人。
不过据那位顾问所说，“天才”们的人生
并不像一般人想象的那样一帆风顺。

在学生时代，他们的学习成绩并不好，
原因是他们的思维范围很广，难以接受传统的灌输式教育。
正如年幼的爱迪生理解不了“1+1=2”的道理，
如果他们没能进入可以发挥自己天才的领域，
而是就职于普通的企业，他们将很难适应这样的生活。
因此，很多人需要服用抗抑郁症、抗强迫症药物，
才能维持职场生活。

面对痛苦的他们，周围的人可能会说：
“不是所有人都能做自己想做的事。”
“也不光是你一个人觉得那么累。”

对于这些回答，他们也许感到过内疚和自责。

但是，我感受到的痛苦和别人感受到的痛苦，程度是不一样的。
在这个世界上，有不善于交际的人，
也有不善于赛跑的人。
同理，对于同样的问题，不同的人感受到的难易程度也是不同的。

如果有件事情处理起来尤为困难，
不是因为我哪里做错了，
不是因为我是个小题大做的人，
也不是因为我有先天性不足，
而是因为对我来说，这也是有可能发生的。
如果现成的鞋子让我的脚疼痛难忍，那也不是脚的过错。

所以，别再责怪疲惫的自己了。
造成人生悲剧的原因，
是连我们自己都不理解自己心中的苦涩。
理解自己，
并不意味着陷入对自己的怜悯之中，
也不是同情自己，或者否认自己有任何过错，

而是要停止自虐式的自我批判
和不必要的自责，
接纳自己本来的样子。

为了做到这一点，
要拥有自我理解的能力，
并尊重和选择适合自己的生活方式。

即使有时候会因为得不到理解而感到悲伤，
但至少你自己要理解自己。

关心自己的幸福

我曾给自己制作了一本“不幸手册”，
每当感到伤心绝望的时候，我就会把这些感受记录下来，
等到心情好转之后，再翻开手册重新读一遍。
通过这样的做法，我发现了自己之前的想法是多么不理智，
对还没发生的事情也预判得太过极端。

可是，记了几次之后，我发现自己似乎变成了一个非常不幸的人，
于是我改变了手册的用途，把它当作“幸福手册”。
从那以后，我会把那些不再忧郁、内心转晴的时刻
和幸福的时刻都记在上面。

就这样我把自己记录在手册里，
看到了“我”在什么时候感受到了幸福，
由此也能意识到沮丧的时刻很快就会过去。

人们总是说着要获得幸福，
却一点也不想探究究竟什么能让自己感到幸福。
幸福不是“天上掉馅儿饼”，不会在某个清晨突然来敲门。

在人生应该了解的许多事情当中，
比起学会心肺复苏术，
比起掌握防止耳机线缠到一起的技巧，
比起了解年终所得税的抵扣方法，更重要的是知道——

什么会让我感到幸福？
什么能够平复我的情绪？
我在哪些瞬间真切地体会到“活着真好”？
这才是驾驭自己的幸福的秘诀。

如果你想得到幸福，就要关心自己的幸福。

热爱不完美的事物

李世石VS阿尔法

机械表VS电子表

手写书信VS电子邮件

留声机VS MP3

我们憧憬着完美的事物，

我们热爱着不完美的事物。

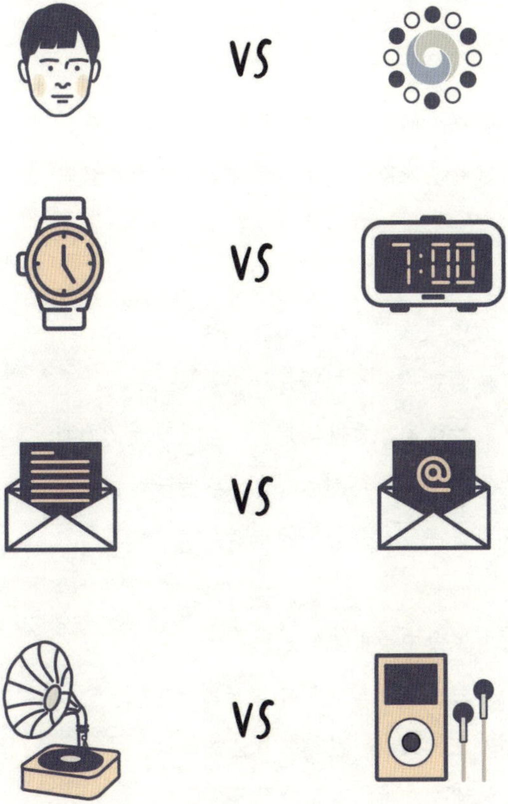
VS
7:00
VS
VS
VS

你将如何生活下去

我曾经一度在一个问题上纠结不已：

人生究竟是享受的对象，还是为了探索意义的对象？

答案很难确定。

首先，我不太能理解“人生的意义”这个词，

它听起来模棱两可，也不知道是什么意思。

我厌倦了复杂的思索，索性认定：人生是享受的对象。

在生活中的每时每刻，我都尽全力去感受生命，享受快乐。

事实上，这也是一段十分美好的生活。

我试图只留下生命中最重要的东西。

它们大致上分为：

工作、人际关系、快乐、精神和身体的健康。

我开始不再为还没发生的事情感到不安，

对于想做的事情（Want），如果做得到（Can）就放手去做（Do），

这样便得出了Want+Can=Do这个简单的公式。
当然，还要认真地做。

在一点一点完成人生这个模糊的蓝图的过程中，
我获得了成就感和快乐。
其间，我还遇到了值得信任的人，
也遇到了一些志同道合的人。
我开始远离那些无关紧要的人和企图压制我的人，
我决定不再允许他们对我指手画脚或评头论足。

我花了很多的时间去享受生活，
在那些日子里，每天都会好几次抬起头仰望天空，并暗自感叹。
我开始直视曾经逃避的问题，为了健康的生活更加努力。
在跳出了周围人的目光和传统观念、
忽略了社会规定的正确答案之后，
生活变得明确而轻松。

可奇怪的是，我脑海里仍萦绕着一个疑问——“你过得好吗？”
我意识到，仅仅让自己每时每刻都活得充实，这还不够。
于是我决定重新回到起点，寻找人生的意义。

什么会让人生变得有意义呢？
在无数次自问自答以后，我找到的答案是：
走出个人领域，步入公共领域，
即到社会中实现自己的价值。
我开始带头鼓励其他人更多地参与社会活动，
因为在我看来，解决社会问题
才是解决个人问题最直接的方法。

但是，在社会中，我们需要做好自己分内之事的理由并不止于此。
正如阿里斯托芬所说，
“我们需要他人来完善自我”，
只有在社会和人际关系中感受到自己的价值，
我们才能找到自己存在的意义。
当然，这句话的意思并不是说
要放弃自己的生活，为了他人牺牲自己；
而是指为了实现我们心中的社会价值，
要多做自己力所能及的事情，在社会中感受自己的存在感。

对我来说，我希望世界是个更好的地方。
希望心怀善意的人能得到最起码的生活保障，
希望贫穷的人，不因贫穷自觉低人一等。
于是，我加入了我支持的政党，开始缴纳微薄的党费。
从今年开始，我又决定赞助两个民意舆论媒体。
我努力不去侮辱我遇到的任何人，
也希望通过写作引起哪怕微小却很有意义的反响。

“我们该如何生活？”这个疑问从未停止，也永远不会停止。
如果问我自己的答案，那就是，我们都要美好地生活。
不用想得太复杂。
在我看来，美好的生活就是努力工作，与爱的人聊聊天，
一起吃好吃的，唱喜欢的歌，读喜欢的书，
在阳光明媚的日子里去晒晒太阳。
我认为，这些日常的温暖就是美好生活的全部。

如果可能的话，就朝着有意义的人生迈进一步。
即使我们都是这个宇宙中如尘埃一般渺小的存在，
我们也可以战胜人生的虚无，守护自己的尊严。
与世界规定的成败无关，我想为这样的生活感到自豪。

有一本畅销书的书名叫作《无论你怎样生活，我都会支持你》。
然而，我们最需要获得的支持，其实来源于自己。

今天，对于这个至死都不会离开我的存在，
大声喊出：

无论我过着什么样的生活，
我都会支持我自己。

活出成年人的风采

小时候，我眼中的妈妈是一个坚强的人。
然而如今回想起来，那时的妈妈也不过是个三十多岁的女人罢了。
虽然她也曾害怕，也曾感到疲倦和无助，
但她只是默默承受着一切，艰难地做着成年人该做的事情。

如今，我也已经长大成人。
小时候，我只要好好吃饭、按时睡觉，
就已经算是做得很好了。
而现在，对于这些事情，不会再有任何人称赞我。

如果还因为得不到零花钱而对父母发牢骚，
就不再是我们家宝宝，而是长歪了的不孝子。
尽管我仍然希望得到庇护，
尽管当一个成年人一点都不快乐，
毕竟不能穿起绿裤子说自己是彼得·潘。

所以，为了生存，即使是不喜欢的事情也要去做，

即使是枯燥和焦虑也得忍受，

即使还不想当一个成年人，

也要像我们的父母曾经所做的那样，假装自己是个成年人，

而最终长大成人。

长大之后，我发现这个世界是一个冷漠的地方。
这里充斥着荒谬，而人们则冷淡地彼此划清界限，
就连普通人也会伺机用歧视和轻蔑的目光看待他人。
为了赚钱，人们无视自己的情感，
对松散的社会保障体系时刻感到不安。

我不想在这个冷漠的世界上变得凄凉，
也不想变成一个冷漠的人。

那么我究竟该怎样生活下去?
我不停地问着自己:
我应该为了什么感到羞耻?
我内心深处的自卑感到底是什么?
通过歧视和侮辱他人，我能得到什么?
为什么会有这么多人挣扎在不幸之中? ……

在寻找答案的过程中，我得出的结论是：
一个人的不幸和不安，并不是发生于内心的化学反应，
更多来自社会和人际关系之中。
除了对生存的焦虑，
对他人的不信任、侮辱、竞争性的人际关系、歧视等
这些差别化的意识已散播到空气中，
并随着每次呼吸进入了我们的身体。
结果，我们在那些不必要的事情上感到羞愧，
在面对侮辱时表现出胆怯，
为了避免自己沦落到鄙视链底端，时刻保持警惕。

在这种紧张的气氛中，我们责怪无辜的自己，
还没等解决存在的问题就已经筋疲力尽。
我想通过这本书告诉大家，我们没必要这样！
对于那些被“不信任”的孤立的人来说，
这既是一种“你可以活得理直气壮”的声援，

也是一个信号——
这个世上仍有人渴望着充满人性的生活。

为了在冷漠的世界里不失人性地生活下去，
我们要给自己更多的关心，
也要堂堂正正地面对和反抗一切不正当、侮辱和不安。
为了自己和他人，为了更美好的社会，尽自己的一分力量。

为了不怨恨别人的存在，
为了不惧怕别人冰冷的视线，
要按我们本来的样子去生活。

我希望你能变得更自由。
我们奋力一搏吧。

<TO-DO LIST>
BE MYSELF

<TO-DO LIST>
BE MYSELF

开始的时候，我本想把这本书写成随笔式的社会心理学著作。
但这有点困难。我难道是为了为难自己写这本书的吗？
坐在案前的八个小时期间，有七个小时我是在抓耳挠腮。
由于焦虑，我也曾跑到后山上大声呐喊过。（嘻嘻……）
尽管如此，最终我还是努力完成了这本书。
我对正居住在京畿道的金秀贤（我本人哦）致敬。

直到此书出版，我一直得到了很多的帮助。
我读了很多书。在这些书籍中，有些给了我很大帮助的书不得不提：
心理学家金泰亨先生的《韩国社会的心理阴影》《越发不安的社会》，
金赞浩教授的《受辱感》，阿兰·德波顿的《不安》，
江俊万教授的《山沟里可不能飞出金凤凰》，
查德·尼斯贝特的《思维版图》，
纳撒尼尔·布兰登的《自尊六大支柱》，
徐恩国教授的《幸福的起源》。
这些书构成了我这本书的基础。虽然无法全面介绍，
但它们都是些好书，因而想推荐给大家。

需要在此鸣谢的还有，
给予我大力支持和尊重的家人，我亲爱的朋友以及那些知心朋友。
对于认真读过我的草稿，并提出真诚意见的
俞林、贤知、宝蓝、俞敏、恩慧，以及我的姐姐，
我尤其想要表达我深深的谢意。

另外，这本书得以完成，多亏了出版社比以往任何时候都多的帮助。
多谢正着手撰写第四本书的权大雄社长，
多谢性格爽快的熙英组长，多谢总是带着一副笑容的宝蓝
和表情温和的光彪科长，多谢工作繁忙的卢部长。

在此还要提及的是，在本书的写作过程中，
我曾通过SNS得到巨大的安慰。在一年半的漫长时间里，
多亏了来自各方的帮助和支持，
我才得以完成这本书的写作。

现在，我想把同样的支持转送给他们，以及认真读到这里的每一个人。

这是一本为你而写的书。
让我们都美好地生活下去吧。

在没参加工作而专心准备这本书的写作期间，
我曾和朋友一起去一家占卜店问卦。
当时那位占卜师对我说的话，概括起来是：
“你的书肯定会半途而废。
如果不想饿死，就赶紧打起精神，随便找一家公司上班。”
这个卦词，让我一度陷入抑郁。
但思来想去，总觉得我的精神还算正常，
何况也不能因为觉得不会成功就不去做，于是决定继续写下去。

当然，即使这本书真的半途而废，我肯定还会去做些别的事情。
但多亏你们阅读这本书，所以我也算是大功告成，（欧耶！）
因此还能在这里说出我对诸位的感激之情。

写完书以后，
有时也会有人向我问起这本书的写作动机。

当时的我，对于我的人生将变成什么样的问题毫无感觉，
但我却很清楚这样一个问题：无论以后如何生活，
我都不想在人潮的缝隙中体会什么优越感，
也不想体会那令人垂头丧气的自卑感。
为了做到这一点，我找到的答案，似乎就是“我要活出我自己”。

不过，就连我自己都很难对“活出我自己”给出一个明确的定义。

我只是希望我的人生不是一种攀比的人生，
而是一种不为了“做给别人看”的人生，
一种不歧视自己的人生。

多亏我下了这样的决心，我才能把占卜师的卦词
和各种不确定性置之脑后，继续写这本书，
并在写作过程中体会到一种释然。

我希望通过这本书，和各位读者分享我不多的勇气和释然的感觉。

这本书能得到各位的青睐，
我向天地神明和我自己表示感谢。(呵呵……)
但最需要感谢的，还是读了这本书的读者。

通过各种评论、发来的短信以及和读者的见面会，
我所感受到的暖意无法用言语表达。

作为一个和你相距遥远的寻常人，
作为一个在祈祷你的幸福的人，
我想对认真阅读了我的谢词后面的特殊谢词的你，
致以诚挚的、特殊的谢意。

多谢你。
我将永远站在你这边。

将我的祝福承载于这页纸上
金秀贤

金秀贤

韩国畅销书作家、插画家、设计师。

认真却不严肃。阳光却不轻浮。热爱画画与写字。

著有《100%二十岁》《你好，二十岁》《180》等。

版权登记号：01-2020-0831

图书在版编目（CIP）数据

闭嘴，我只想做自己 /（韩）金秀贤著；郑炳男译．—北京：现代出版社，2020.6

ISBN 978-7-5143-8336-2

Ⅰ．①闭… Ⅱ．①金… ②郑… Ⅲ．①成功心理－通俗读物 Ⅳ．① B848.4-49

中国版本图书馆 CIP 数据核字（2020）第 044453 号

나는 나로 살기로 했다 Copyright © 2016, Woods of Mind's Books
All Rights Reserved.
This Simplified Chinese edition was published by Modern Press Co., Ltd.
in 2020 by arrangement with Woods of Mind's Books
through Qiantaiyang Cultural Development (Beijing) Co., Ltd.

闭嘴，我只想做自己

作　　者　〔韩〕金秀贤
译　　者　郑炳男
责任编辑　赵海燕　毕椿岚
出版发行　现代出版社
通信地址　北京市安定门外安华里 504 号
邮政编码　100011
电　　话　010-64267325　64245264（传真）
网　　址　www.1980xd.com
电子邮箱　xiandai@vip.sina.com
印　　刷　北京市瑞禾彩色印刷有限公司
开　　本　880mm×1230mm　1/32
印　　张　9.25
字　　数　144 千
版　　次　2020 年 6 月第 1 版　2021 年 3 月第 2 次印刷
书　　号　ISBN 978-7-5143-8336-2
定　　价　58.00 元

版权所有，翻印必究；未经许可，不得转载